# 人工智能与社会风险管理

## ——通往现代社会安全之路

刘 玮 著

U0302284

吉林大学出版社

·长春·

图书在版编目（CIP）数据

人工智能与社会风险管理:通往现代社会安全之路 /
刘玮著. —长春：吉林大学出版社，2020.6（2025.1重印）
ISBN 978-7-5692-6547-7

Ⅰ.①人… Ⅱ.①刘… Ⅲ.①人工智能-关系-社会
管理-风险管理-研究 Ⅳ.①TP18②C916

中国版本图书馆 CIP 数据核字（2020）第 091852 号

| | |
|---|---|
| 书　　名 | 人工智能与社会风险管理——通往现代社会安全之路 |
| | RENGONG ZHINENG YU SHEHUI FENGXIAN GUANLI——TONGWANG |
| | XIANDAI SHEHUI ANQUAN ZHI LU |
| 作　　者 | 刘玮 著 |
| 策划编辑 | 刘子贵 |
| 责任编辑 | 刘子贵 |
| 责任校对 | 代景丽 |
| 装帧设计 | 嘉禾工作室 |
| 出版发行 | 吉林大学出版社 |
| 社　　址 | 长春市人民大街 4059 号 |
| 邮政编码 | 130021 |
| 发行电话 | 0431-89580028/29/21 |
| 网　　址 | http://www.jlup.com.cn |
| 电子邮箱 | jdcbs@ jlu.edu.cn |
| 印　　刷 | 北京虎彩文化传播有限公司 |
| 开　　本 | 787mm×1092mm　　1/16 |
| 印　　张 | 11 |
| 字　　数 | 200 千字 |
| 版　　次 | 2021年7月　第1版 |
| 印　　次 | 2025年1月　第2次 |
| 书　　号 | ISBN 978-7-5692-6547-7 |
| 定　　价 | 88.00 元 |

# 序

当前，人类显然正在不可逆地进入人工智能时代。在互联网、云计算、大数据、深度神经网络等一系列技术的催生下，人工智能以指数级的速度飞速成长，世界各主要大国亦开始高度重视人工智能的发展，纷纷制定了相应的发展规划和战略。

人工智能越来越嵌入到人类社会的同时，也相应形成了社会风险。通过对人工智能技术发展历程、趋势、核心特征和支撑要素，以及在人类社会的嵌入方式和驱动因素的系统分析，可以得出人工智能对人类产生的相应风险，并提出人工智能技术的风险治理策略。通过研究发现，人工智能对人类社会将主要产生十个方面的核心风险：隐私泄露、劳动竞争、主体多元、边界模糊、能力溢出、惩罚无效、伦理冲突、暴力扩张、种群替代和文明异化。从当前起，就整个人类社会而言，要做好至少五个方面的准备：一是尽快取得全球对人工智能的风险共识；二是尽快增加人工智能的透明性研究；三是规范全球科研共同体的自我约束；四是推动各国尽快立法；五是加快建立全球协作治理机制。

本书从纵向与横向相结合的分析视角，通过构建人工智能时代社会风险管理"三阶段"理论分析框架。第一个阶段从"技术本体"和"人与技术交互"两个维度分析人工智能技术风险的内在形成机理；第二个阶段分析各类人工智能典型风险引发社会问题的触发机制，探讨技术风险通过社会放大效应引发社会问题的作用机制，在此基础上，挖掘公众对人工智能技术风险的感知，探索人工智能技术风险管理的过程和策略。

作者

# 目　录

# 第一章　绪　论

　　当人类社会从自足文明演化成为由人类自己主导的大变革社会之始，现代社会就由人类的技术发明创造及应用的工业革命而拉开序幕。传统社会演进到现代社会，正是由于人类技术突飞猛进的发展所推动的。人类技术的进步与社会发展、社会变革有着密切的联系，也因此带动着社会发展呈现由量的积累所引发的爆发性飞跃的态势。工业革命给人类的生活、工作和思维带来了急剧变化。移动互联的发展、智能终端的普及、新型传感设备的应用已经渗透到了社会的每个角落。作为一种新的经济资产，工业革命一方面引导着社会发展的方向，另一方面，现代科学技术也将人类社会文明推进到一个工业化、城市化、信息化、市场化的阶段，人类发展与社会的矛盾日益突出。德国著名社会学家乌尔里希·贝克（Ulrich Beck，1944—）指出："现代社会是一个不断生产和创造风险的社会，并通过社会的经济、法律和政治制度将风险分配到社会的各个领域，社会构成的每一个个体都将时刻面临着风险侵袭。"[①] 实际上，自从工业革命开始嵌入人类生活伊始，社会就进入了机器时代，机器和技术创造出了繁荣的社会文明，由"传统"转向"现代"的社会也初显了社会治理形态的现代性特征。

## 1.1　人工智能与社会风险：一个批判性视角

　　现代科学技术的进步开启了工业革命的道路，新知识、新技术的广泛应用使人类社会的发展日益加速，将人类社会带入了一个整体变革的时代。"人类发展进度

---

① 乌尔里希·贝克. 风险社会 [M]. 南京：译林出版社，2003：13-57.

始终是按照几何比例的，虽不是严格遵循这个规律，但基本上是如此。"① 工业革命之前，人类社会一般按照地域性和自然性的规律而演进，从生产方式的变革、生活方式的变化，到现代文明的扩增，基本上都是以线性的方式螺旋上升，呈现出社会稳定性的一面。而工业革命到来后，人类社会的发展出现了整体性的大变革，不仅带来人们生产和生活的多元化，也使新技术、新知识和新观念更迅猛地侵入到现代社会的方方面面。

### 1.1.1　技术变革的社会

18 世纪 60 年代到 19 世纪 40 年代，第一次工业革命的完成标志着人类进入"蒸汽时代"——一个机器代替手工劳动的时代，人类的双手得到了解放，技术的革新同时推动着社会变革，工业资产阶级和工业无产阶级的队伍出现并壮大起来，就业不再只局限于农耕。19 世纪中期，更大范围的第二次工业革命，电器开始替代机器，自然科学的发展应用于工业生产，"电气时代"的帷幕就此拉开，社会面貌发生翻天覆地的变化，新型技术岗位扩张，就业市场的需求也不同于以往。② 第三次科技革命和第四次工业革命，科学技术转化为直接生产力的速度进一步加快，"科技成为第一生产力"。③ 科学技术与产业革命之间相互影响，积极的推动作用应该扩大并形成良性的循环，而消极的负面影响，则需要通过人类的共同努力来预防和解决。

20 世纪中期，人类历史发展的舞台上降临了一个具有划时代意义的新事物——互联网，互联网的诞生为原本被生存意志和追求高效工作而圈起来在固定地点工作的个人赋予了新的自由，人们不再拘泥于固定的时间地点办公，互联网将一切事物贯穿起来，创造出开拓无限空间力量的可能。弗洛里迪提出了第四次革命的概念，④ 这是对人类影响最深的工业革命，以原子能、电子计算机等高科技产品的发明和应用为主要标志，是一场信息控制技术革命。1936 年，年仅 24 岁的英国数学家阿兰·图灵（Alan Turing）首次提出了"图灵机"的理论模型，为研制通用数学计算

---

① 路易斯·摩尔根. 古代社会 [M]. 北京：京华出版社，2000：37.
② 人民教育出版社历史室. 世界近代现代史 [M]. 北京：人民教育出版社，2002：108.
③ 李放. 略论邓小平的科技思想 [J]. 学术交流，2004（01）：27-29.
④ L. Floridi. *Artificial Intelligence'S New Frontier：Artificial Companions and the Fourth Revolution*. Metaphi-losophy，2008，39（4）.

机奠定了理论基础，他也被称为"人工智能之父"。这直接催生了阿兰·图灵（Alan Turing）的计算理论（theory of computation），即认为机器可以模仿任何数学推导。1950年，图灵在对机器进行深入研究和思考后，提出了一种检验人工智能的评价标准，即至今受用的"图灵测试"，通过判断测试者能否识别出被测试者是否为机器来判定机器的智能水平，认为数字计算机可能模仿形式推理过程，这便是著名的"丘奇—图灵论题"（Church-Turingthesis）。[1]

20世纪中期，美国科学家约翰·冯·诺依曼（John von Neumann）将图灵的理论物化为实际的物理实体，成为计算机硬件体系结构的奠基人。1956年，被称为人工智能元年，达特茅斯会议之后，机器模仿人类学习行为的人工智能进入发展的第一次黄金时期。

21世纪初，互联网技术的普及成为人类社会和物理社会连接的纽带，[2] 经济结构、商业模式、教育方式等社会构架开始第一次"洗牌"。

电子贸易平台商业模式打破了传统交易的物理时空限制，快速占据市场；[3] 以供给为导向的商业逻辑逐渐被以需求为导向的价值创造代替；[4] "互联网+教育"通过改变学习途径、方式实现教育资源的共享和创新思维的构建，[5] 信息技术的发展带来了社会关系的变革，推动生产力进行了一次质的飞跃，社交化、信息化、物联化成为技术革命的新态势。[6] 2008年9月世界顶级学术期刊《自然》推出名为"大数据"的封面专栏，第二次技术"洗牌"的主角在学术界被关注并认可，随之，信息化技术和传感技术共同作用下催生的"大数据"开始广泛地出现在人们的视野之中，"大数据"这个概念具有4V（Volume，Velocity，Variety，Value）特征，即总量大、处理速度快、多样化、价值密度低。大数据给社会带来了颠覆性的认知，也

---

[1] David Berlinski, *The Advent of the Algorithm: The 300-Year Journey from an Idea to the Computer*, San Diego: Harcourt Books, 2000.

[2] 吴汉东. 人工智能时代的制度安排与法律规制 [J]. 法律科学（西北政法大学学报），2017，35（05）：128-136.

[3] 冯华，陈亚琦. 平台商业模式创新研究——基于互联网环境下的时空契合分析 [J]. 中国工业经济，2016（03）：99-113.

[4] 罗珉，李亮宇. 互联网时代的商业模式创新：价值创造视角 [J]. 中国工业经济，2015（01）：95-107.

[5] 吴南中，黄治虎，曾靓，谢青松，夏海鹰. 大数据视角下"互联网+教育"生态观及其建构 [J]. 中国电化教育，2018（10）：22-30.

[6] 殷乐. 把握态势　加强连接　推进互联网发展和治理的中国之道——学习习近平在网络安全和信息化工作座谈会上的讲话 [J]. 新闻与传播研究，2016，23（08）：15-25+126.

引起了市场对数据开发、储存的技术变革。① 智慧厂商通过云平台的云计算对已有的全部数据进行甄别和挖掘，分析用户偏好与期望开展经营和投资，大数据时代"供求"对市场资源配置的主导作用有所减弱，精确化、完全化的信息处理在理想的状态下能促使资源配置达到帕累托最优，② 同时，大数据对全球的冲击不仅仅表现在经济层面，"大数据与智慧教育""大数据与政府治理""大数据与医疗服务"等等，各个领域开始在短时间内通过结合大数据进行技术革命。③④⑤ 当大数据时代进入平稳阶段后，抛开技术红利和平台优势，重新审视大数据的运用时，可以发现在互联网平台的大数据收集和评价过程中存在诸多问题和困境，如数据好坏的评判、安全隐私问题、数据分析浮于表面等，⑥ 大数据给人们生活带来实质性改变的理想期望鲜有实现，以此，"区块链"的理念和技术应运而生，与大数据的非结构化分散数据相比，区块链更像是结构严谨的块，每个块是相对独立的团体且在信息传递中采用非对称加密防止数据篡改，通过强化匿名的方式来保护用户的隐私安全，构造一个相对更安全的交易环境，⑦⑧ 区块链的发展一定程度上弥补了大数据运用过程中的漏洞。

工业革命推动着人类社会变革的步伐。从互联网时代到大数据时代，技术系统的进步在社会现代化转型的过程中无疑是优先的代表性领域，⑨ 埃鲁尔曾在《技术社会》一书中提出，"技术"在一定意义上能决定经济、科学和文化的走向，对现代社会的发展具有统摄力量。人工智能技术这一概念从 20 世纪 50 年代提出后，近70 年的时间里，人工智能技术的研究和应用已经渗透到人类生活的方方面面，对人类的政治、经济、文化、社会、生态等领域产生了深远的影响。2016 年，人类社会

---

① 彭宇，庞景月，刘大同，彭喜元. 大数据：内涵、技术体系与展望 [J]. 电子测量与仪器学报，2015，29（04）：469-482.

② 何大安，任晓. 互联网时代资源配置机制演变及展望 [J]. 经济学家，2018（10）：63-71.

③ 肖玉敏，孟冰纹，唐婢婷，吴永和，谢蓉. 面向智慧教育的大数据研究与实践：价值发现与路径探索 [J]. 电化教育研究，2017，38（12）：5-12.

④ 宁家骏. 新形势下推进大数据应用的若干思考 [J]. 电子政务，2016（08）：76-83.

⑤ [美]克瑞莎·泰勒. 医疗革命：大数据与分析如何改变医疗模式 [M]. 刘雁，译. 北京：机械工业出版社，2016.

⑥ 宋远方，冯绍雯，宋立丰. 互联网平台大数据收集的困境与新发展路径——基于区块链理念 [J]. 中国流通经济，2018，32（05）：3-11.

⑦ 韩海庭，孙圣力，傅文仁. 区块链时代的社会管理危机与对策建议 [J]. 电子政务，2018（09）：95-107.

⑧ 陈伟利，郑子彬. 区块链数据分析：现状、趋势与挑战 [J]. 计算机研究与发展，2018，55（09）：1853-1870.

⑨ 张成岗. 人工智能时代：技术发展、风险挑战与秩序重构 [J]. 南京社会科学，2018（05）：42-52.

技术的前沿——人工智能（Artificial Intelligence，简称"AI"）在 AlphaGo 战胜世界顶尖棋手李世石后再度席卷全球，在一定程度上实现了深度学习和大数据的胜利，世界正式走向人工智能时代。[①] 美国休斯敦卫理公会研究所基于乳腺疾病的大数据，开发了一个人工智能设备，乳腺癌的诊断率高达 99%，诊断速度是普通医生的 30 倍。小到穿衣搭配，大到求医看病，基于大数据的人工智能应用已经在改变我们的生活。人脸识别+语音识别让人机互动的智能生活触手可及。2016 年开始，"刷脸"已经不再是人类意识和想象空间中的影像。人脸识别技术已经可以对人脸信息进行精准的识别、定位和追踪，人脸识别技术的不断突破，正在让身份验证和信任传递更加简单高效，如北京西站等火车站已经开通刷脸进站通道；同时语音技术使得声音与文字的切换变得更加轻松自如，语音识别技术的突破，正在为人际互动的智能化未来打开一扇新的大门。工业机器人+无人驾驶，越来越多的岗位将被人工智能替代。在 2016 年中国科协主办的世界机器人大会上，工业机器人的发展突飞猛进，包揽了很多枯燥、烦琐、危险的工作，人工智能必将给制造业带来一场脱胎换骨的智能化变革。目前 IT 巨头百度、Google，汽车巨头宝马、大众，还有科技新贵特斯拉、乐视汽车，都对无人驾驶投入了极大的热情。虽然这些无人驾驶汽车还处在实验阶段，但把人们从枯燥烦琐的驾驶操作中解放出来，已经成为颠覆者们的共识，一个无人驾驶主导的智能交通时代前景可期。人工智能领域的创新创业不断涌现，世界互联网大会的报告显示，全球平均每 10.9 个小时就会有一家人工智能企业诞生，仅在北上深三地，人工智能的创新企业就占到了全球总数的 7.4%。大量创新创业者的热情投入到人工智能行业，人们有理由期待，在技术改变生活的道路上，人工智能将给人类社会带来更多惊喜。

然而，人工智能的发展并不是一帆风顺，直到人类真正进入人工智能时代，其间经历了两次衰落，或者称为发展低谷，也出现过不同流派之间的观点碰撞。时至今日，在互联网和大数据的技术匹配下，人工智能的第三次发展，似乎较以往要更加成熟一些。中国人工智能学会会长李德毅曾说："互联网产生了大数据，是云计算和大数据，成就了人工智能。"人工智能几乎综合了自然科学和社会科学的所有学科，在计算机科学的基础上，融汇语言学、逻辑学、心理学等，作为研究、开发用于模拟、延伸和扩展人的智能的理论、方法、技术及应用系统，可以进行大数据

---

① 黄欣荣. 新一代人工智能研究的回顾与展望 [J]. 新疆师范大学学报（哲学社会科学版），2019（04）：86-97.

分析，实现自我学习，通过模拟人的思维来实现高效、精确、快速的分析和决策。

## 1.1.2　技术变革带来社会发展的二重性

阿尔温·托夫勒曾说："从来没有任何一个文明，能够创造出这种手段，不仅摧毁一个城市，而且可能毁灭地球。"[①] 虽然这样的言辞有点危言耸听，但无疑具有一定的警示意义。如今的时代呈现出技术创新的技术性与技术使用造就的社会性的双重属性。

一方面，人工智能的发展使技术日益独立，并直接帮助人们解决各种复杂的需求难题，既便捷了人类生活，又能替代部分职业精准化地完成各项危险复杂的工作。高科技技术以其高效的技术应用改变着人们传统的生产方式，既缩短必要的劳动时间又增加了更多的自由空间，这使人们的精神文化得以丰富，继而创造出更多的文化产品，反之，人类思想又为人工智能的进一步强化与革新提供了智力支持，造就了一个崭新的人机协同共生的关系。人工智能推动了高科技技术发展，优化了产业结构化升级，促进了生产率提高，提高了国家经济竞争水平。

另一方面，人工智能在推动经济社会发展的同时，也带来了复杂的社会系统性风险。霍金说："强大人工智能的发展，对人类来说，可能是最好的事情，也可能是最糟糕的事情，我尚不知到底是哪个。然而当未来人工智能技术发展到强人工智能甚至超人工智能阶段时，人工智能体可能会威胁到人类自身的权利，甚至会毁灭人类。"[②] 人工智能在全球引领新一轮科技革命和经济转型的同时，不可避免地带来或加剧不同于以往的社会风险，[③] 一定程度上是由于新技术的嵌入将其不完备性连带地放入社会发展过程中，从而产生"次生伤害"。[④] 同时，人工智能自身的技术创新隐含着潜在的风险。科学技术的发展一定程度上也存在着制造风险的责任、高科技带来的风险普遍性和抽象科学研究的不充分性。[⑤] 人工智能的产生和发展源于智

---

[①] 阿尔温·托夫勒. 第三次浪潮 [M]. 上海：三联书店，1983：175-176.

[②] 史蒂芬·霍金. 北京举办的全球移动互联网大会上做的视频演讲. 2017-4-27. http://news. youth. cn/jsxw/201704/t20170427_ 9600199. htm.

[③] 唐钧. 人工智能的社会风险应对 [J]. 教学与研究，2019 (4)：89.

[④] 王磊. 人工智能：治理技术与技术治理的关系、风险及应对 [J]. 西华大学学报（哲学社会科学版），2019，38 (02)：82-88.

[⑤] Maurie. J. Cohen, *Risk Society and Ecological Modernization*, Vol. 29, No. 2. Futures, 1997, pp. 105-119.

能化技术的更新换代，特别是围绕着各种算法、大数据、超大规模化计算能力的各种技术的叠加和升级，如利用深度学习实现语音识别、语义分析、机器视觉、无人驾驶等关键技术，为不同行业领域提供了使用的可能，并取得了显著成效。但是人工智能依托的是技术本身的优势，通过对训练数据的高度依赖实现算法和数据的有效运算，而数据的"质量"进一步决定了技术的安全程度，其复杂原理并不能被人们深入了解。在部分民用领域，数据质量的不确定性很大程度上会增加人工智能系统输出的不确定性。同时，算法本身的模糊性，导致由算法做出决策的最优程度是否合理，其正确性和社会公平性更难以被评估。① 人类在享受人工智能技术带来便利与福利的同时，也应关注其对社会安全劳动生产、生活造成的社会风险。例如：人工智能技术下诞生的智能机器人完全替代了手工劳动者，产生失业问题；或是人们过于依赖机器人工作的高效率以及人工智能产品的便捷性，而忽视了个人的主观能动性；或是人们的日常生活中加入人工智能元素在一定程度上影响到人们的人际交往关系；更有甚者，无人驾驶飞机和无人驾驶汽车的技术不完全成熟性使一部分人付出了生命的代价。显而易见，这些负面影响是引发社会风险的潜在根源，也是社会进步与人类发展路上的绊脚石。

因此，科学合理地对人工智能技术带来的社会风险进行全方位地控制，已成为推动我国社会安全发展的一个重要课题。基于此，我国政府对人工智能带来的高科技风险十分关注，针对人工智能及其所影响的社会安全问题也出台了相应的政策规定。党的十九大报告提出要"增强驾驭风险本领，健全各方面风险防控机制"。2017年7月8日国务院关于印发《新一代人工智能发展规划的通知》，提出："人工智能可能带来改变就业结构、冲击法律与社会伦理、侵犯个人隐私、挑战国际关系准则等问题……必须高度重视可能带来的安全风险挑战，加强前瞻预防与约束引导，最大限度降低风险，确保人工智能安全、可靠、可控发展。"2018年9月，中国信息通信研究院安全研究所发布了《人工智能安全白皮书》，提出："由于人工智能技术的不确定性和应用的广泛性，带来冲击网络安全、社会就业、法律伦理等问题，应大力加强对安全风险的前瞻研究和主动预防"。2019年1月21日，习近平总书记在省部级主要领导干部坚持底线思维 着力防范化解重大风险专题研讨班上指出："科技领域安全是国家安全的重要组成部分。"人工智能已成为赋能社会高质量发展

---

① Institute of Electrical and Electronics Engineers. *EthicallyAligned Design：A Vision for Prioritizing HumanWellbeing with Artificial Intelligence and AutonomousSystems* [EB/OL]. [2018 - 12 - 04]. https：//standards. ieee. org/content/dam/ieee-standards/standards/web/documents/other/ead_ v1. pdf .

的新动能, 引领新一轮科技革命和产业变革的战略性技术。与此同时, 两会也一直在见证着我国人工智能的迅猛发展。2017 年, "人工智能"首次被写入全国两会政府工作报告, 连着 3 年政府工作报告都提及 "人工智能", 将其作为重点关注对象向社会各界表明政府在接下来一年中对于人工智能技术的重视。2019 年李克强总理在两会上首次提出了关于数字经济赋能传统产业的 "智能+" 概念。这意味着人工智能正逐步成为国家战略的基础设施, 持续为各行各业赋能, 推动传统产业改造升级, 最终影响人们的生产与生活方式。

由此, 必须看到, 人工智能在对人类文明发展和社会进步做出巨大贡献的同时, 也将因技术发展的不确定性和不可解释性等原因导致不少的潜在社会风险。梳理人工智能技术的应用和发展带来的社会风险, 探讨社会风险的生发逻辑及其消解风险的控制手段, 使人工智能更好地发挥其推动社会进步的工具价值, 无疑具有鲜活的时代背景与强烈的现实指导意义。

### 1.1.3 人工智能时代社会风险管理的必然选择

人类对于风险的认知可以通过不同的社会、文化和政治过程而被建构出来, 这些认知和理解会随着政府管理者所在的社会位置而有差异。[①] 人工智能时代的到来意味着技术革新、生活便捷、社会发展, 但也可能导致社会风险犹如 "黑天鹅" 般地突然出现, 应对风险日益成为社会进步进程中关键环节。随着人工智能在技术转化和应用场景落地过程中, 网络信息安全风险、数据安全风险、技术安全风险和社会风险等问题也将随之爆发。如马克思所说: "人类下一个生存威胁恐怕就是人工智能。对于人工智能应该在国际或者国家层面上有相应的监管措施, 以防人类做出不可挽回的傻事来。"[②] 国务院深入学习贯彻习近平总书记系列重要讲话精神和治国理政新理念、新思想、新战略, 按照 "五位一体"总体布局和 "四个全面"战略布局, 2017 年印发《新一代人工智能发展规划的通知》, 提出要前瞻应对风险挑战, 推动以人类可持续发展为中心的智能化, 全面提升社会生产力、综合国力和国家竞争力, 为加快建设创新型国家和世界科技强国、实现 "两个一百年"奋斗目标和中华民族伟大复兴中国梦提供强大支撑。这从政策层面强调了人工智能社会风险控制

---

① Deborah Lupton. *Risk* [M]. New York: Routledgee, 1999, p. 28-33.

② Scherer, M. U. (2015). *Regulating Artificial Intelligence Systems: Risks*, Challenges, *Competencies*, *and Strategies. Harvard Journal of Law & Technology*, Vol. 29, No. 2, Spring 2016, 353-400.

的重要性。同时，人工智能风险已经不仅是工学学科的研究内容，对它的研究开始扩展到多个学科。因此，从管理学视角来研究人工智能的社会风险也为实践工作奠定了政策和理论基础。本书试图通过分析人工智能社会风险的生发逻辑，提出控制人工智能社会风险的优化模式，为促进人工智能的社会风险控制研究提供了理论基础。

新时代人工智能技术已经使社会各界人士为之深深着迷，从日常生活到国家之间的交往都可以看到人工智能技术的身影，遍地开花的人工智能技术有可能会直接威胁到人类的主体性，给社会带来各种消极影响。而这种消极影响往往会让公众感到惴惴不安，但一味焦虑不仅会阻碍人工智能技术的进步与创新，而且会成为人类发展路上的绊脚石。任何事物的发展都会带来积极和消极的影响，人工智能技术也不例外，人类须以一种审慎的态度，在符合道德要求和法治规范内科学合理地控制人工智能技术带来的社会风险，保证其健康长远的发展。综上，技术的健康发展有助于提高以人类可持续发展为中心的智能化水平，明确人工智能技术的社会风险并研究其对应的生发逻辑及控制手段具有重要的实践意义。

## 1.2　人工智能和社会风险的前沿问题探索

人工智能是社会进步与科技发展的产物，毋庸置疑，人工智能的发展符合社会的需求和人类的需要，但科技这把"双刃剑"给人类历史的教训，让人们不得不对人工智能的发展进行一番深思熟虑。为此，国内外学者从人工智能走进人们的视野开始，便开始了对人工智能的社会影响研究。人类迈入"风险社会"，不仅需要处理当下发生的危机，更加需要用长远的眼光预测未来的风险，而管理学理论可以很好地帮助人们理解人工智能带来的可能的社会风险，并以正确的方式应对和解决。

### 1.2.1　人工智能时代社会风险的理论探索

当人工智能技术全方位进入到社会系统中时，人工智能的前沿研究也从来不曾停止过。人们对潜在风险的认知越来越清晰，对人工智能的发展远景展开过系列的探索，并"着重了解当前国内外人工智能领域前沿的技术水平、伦理问题和法律现状，剖析人工智能领域面对的技术、伦理和法律问题，探讨解决技术瓶颈、伦理困境和法律滞后的对策"。①

1. 人工智能的发展是社会进步的力量

"影响人类社会物质和环境的范围大小的因素，通常是技术或者官僚队伍组成的体系。"② 库兹韦尔（R. Kurzweil）对人工智能的未来发展非常乐观，他提出了奇点预言，认为智能爆炸的奇点将在 2045 年前后到来，在此之前技术不会衰退，③ 反而，智能机器的发展必然会改变人们的认知活动。人工智能的技术革命，无疑是带着全社会走进了最好的时代，智能化、人性化、科技化的美好生活逐步向人类靠近。在互联网、大数据、深度学习算法的结合下，无时无刻不在交换的海量数据，经过人工智能的深度学习后，再度被挖掘应用，人类智慧不可替代的创造性与人工智能高速高效的科技化操作强强联合，让社会的发展更加高效，人们的生活更为便利，人工智能其实已经无处不在。由于人工智能被赋予了人的知识，并且以模拟人的思维和行为为目标，在使用和交流过程中可以投入人的情感，以语言交流的方式下达指令，因此具有普通机器无法比拟的优越性，人机共存的生活环境给人们创造便利和美好期望的同时，也挑战着当前既有的法律、伦理和道德。

2. 科技与风险相伴

无所不在的人工智能，给世界带来变化的同时，一场人与机器的博弈也在悄然发生。据不完全统计，50% 以上的职业都会受到人工智能的冲击，比如白领、医生、老师、股票交易员等等，在直接减少就业岗位的"替代效应"和间接增加就业岗位的"抑制效应"的共同作用下，尽管就业总量基本保持稳定，但就业结构的变化十分明显，④ 就业结构将呈两极化趋势即高收入、高技能岗位与低收入、私人服务型岗位的比重同步上升，⑤ 制造业工人和程式化办公室职员等中间层岗位的比重不断下降，教育和技能水平较低、年龄偏大人群被替代的风险最大，第三产业就业岗位

---

① 齐昆鹏."2017 人工智能：技术、伦理与法律"研讨会在京召开 [J]. 科学与社会，2017 (7)：124-130.

② [英] 安东尼·吉登斯. 现代性的后果 [M]. 田禾译. 南京：译林出版社，2011：24.

③ KURZWEIL R. *The Singularity is Near：When Humans Transcend Biology* [M]. London：Penguin Books, 2005.

④ 蔡跃洲，陈楠. 新技术革命下人工智能与高质量增长、高质量就业 [J]. 数量经济技术经济研究，2019，36 (05)：3-22.

⑤ Goos M., Manning A., Salomons A., 2009, *Job Polarization in Europe* [J]. American Economic Review Papers and Proceedings, 99 (2), 58-63.

所占比重将不断上升。[①] 人工智能对职业的冲击仅是人们直观感受最强的一个方面，人工智能未来的发展，还存在哪些需要思考的问题？

技术发展的后果往往会具有不可预测性，一是不可预测但在意料之中的后果，二是不可预测且在意料之外的后果。人们可以通过想象和推测单项技术发展的前景，但会忽视技术联合产生的影响，[②] 另外，技术本身不具备思考能力，即技术本身是中立的，不能分辨善恶，也无所谓存在道德观念，实际上技术引起的伦理、善恶问题，是因为技术的实现，作用在社会之中而不是没有联系的单独空间，一开始便带有设计者或利用群体的价值偏好，[③] 人类工程师和科学家的决策，就是人工智能的道德标准。[④] 同时，由于人工智能浪潮的席卷，人们将注意力都放在可量化的数据上，习惯性用算法来处理人类特有的活动，会使社会逐渐放弃以人为中心的世界观，比起机器人所做的类似于人一样的思考和动作，给社会带来的危机更应该担心的是，具有智慧和创造力的人摈弃同情心和价值观，像机器一样思考问题。[⑤⑥]

不仅如此，互联网、大数据和人工智能的快速融合之下产生的"数据鸿沟"（digital divide），让拥有海量数据的商业平台成为大赢家，利用人们产生的消费信息和个人数据，进行汇集、分析，甚至在人们毫不知情的情况下获得，再推荐针对个人消费习惯的商品，计算不过是他们销售的工具，[⑦] 因此"大数据杀熟"现象的出现可想而知，"最懂你的人伤你最深"，人类社会的生活不过是别人的商机。这些海量数据的拥有者，结合技术和资本，就能快速实现财富积累，阿里巴巴、腾讯、顺丰，都是成功的例子，少部分人的财富快增，加上部分可替代劳动力的"无用化"，社会贫富差距增大似乎会成为必然。[⑧] 另一个小到与人们生活息息相关，大到国家安全的潜在风险，便是"信息安全"，在美国知名社交网络脸书（Facebook）和搜索引擎公司谷歌（Googel）相继被曝出用户信息遭到泄露之后，个人隐私和数据安

① Auto D., Salomons A., 2017, *Robocalypse Now：Dose Productivity Growth Threaten Employment？* ［R］. Paper prepared for the ECB Forum on Central Banking.

② 张成岗. 人工智能时代：技术发展、风险挑战与秩序重构 ［J］. 南京社会科学，2018（05）：42-52.

③ ［美］George F. Luger. 人工智能——复杂问题求解的结构和策略 ［M］. 郭茂祖等译，北京：机械工业出版社，2017.

④ ［美］约翰·马尔科夫. 人工智能简史 ［M］. 郭雪译，杭州：浙江人民出版社，2017：88.

⑤ ［美］卢克·多梅尔. 算法时代：新经济的新引擎 ［M］. 胡小锐等译，北京：中信出版社，2016：97.

⑥ ［美］库克. 人工智能并不可怕，怕的是人像机器一样思考 ［EB/OL］http：//finance. china. com/industrial/11173306/20170612/30706950. html ［2018-01-21］.

⑦ 翟冬冬. 大数据杀熟：最懂你的人伤你最深 ［N］. 科技日报，2018-02-28.

⑧ 马长山. 人工智能的社会风险及其法律规制 ［J］. 法律科学（西北政法大学学报），2018，36（06）：47-55.

全问题便显得更加突出，实际上，大数据安全的定义范围更广，个人隐私泄露的威胁仅仅是一方面，还包括大数据在储存、传输、处理过程中的诸多安全风险以及基于大数据对人们的行为和心理进行预测，如通过分析用户的购物记录，发现用户的身体情况，或者通过分析推特（Twitter）用户的个人资料，发现其政治倾向、个人喜好等等，①② 目前大数据的收集、存储、管理与使用等均缺乏规范，更缺乏监管，用户无法确定自己隐私信息的用途。③

### 3. 人工智能带来侵入性社会风险

从奇点理论提出开始，有些学者表示对智能技术的创新存在着顾虑，科学家、科技公司的企业家都曾发出了忠告。社会风险可能由于人工智能时代的到来，呈现与以往大不同的性质。现代技术的创新具有一定的资本扩张倾向，并将消费社会的价值观带入到了人类社会之中。④ 尼克·波斯特洛姆（Nick Bostrom）将当前状态比作玩炸弹的婴儿，在当前社会还无法做好准备的前提下，婴儿潜在的危险与人类弱小的应对能力不一致，可能导致社会矛盾的产生。⑤ 他和埃利泽·尤德考斯基（Eliezer Yudkowsky）研究得出，"创造思维机器的可能性提出了一系列的伦理问题，这些问题既与确保这种机器不伤害人类和其他道德上关联的存在者有关，也与机器自身的道德地位有关。"⑥ 机器的出现给人类社会带来了无法预知的、潜在的风险，但是由于人工智能系统只是技术的特定产物，没有内置的风险控制手段，缺乏边界设定，在技术发展的同时，必然也会侵入不同社会层面，可能会引发风险的产生。拥有自由意志或自主能力是否可以作为人工智能和自主系统成为道德主体的前提？如果人工智能有资格作为道德主体，那么人性中的情感和意识等因素是否是人工智能具备道德的必要条件。

种种问题表明，人类生活在科技发展带来极大便捷的时代里，无法预料未来科技是否会给人类带来毁灭性的灾难，也无法准确地预言人工智能是否会代替人类的

---

① Viktor Mayer-Schonberger, Kenneth Cukier. *Big Data*：*A Revolution that Will Transform How We Live*，Work and Think. *Boston*：*Houghton Mifflin Harcourt*，2013.

② Ye Mao, Yin Pei-Feng, Lee Wang-Chien, Lee Dik-Lun. *Exploiting geographical influence for collaborative point - ofinterest recommendation//Proceedings of the* 34th *International ACM SIGIR Conference on Research and Development in Information Retrieval*（*SIGIR*'11）. Beijing, China, 2011：325-334.

③ 冯登国，张敏，李昊. 大数据安全与隐私保护［J］. 计算机学报，2014，37（01）：246-258.

④ Adornot, Horkheimerm. *Dialectic of enlightenment*［M］. NewYork：Herder and Herder, 1972：95.

⑤ Bostrom N. *Superintelligence*：*Paths*，*Dangers*，*Strategies*［M］. Oxford：Oxford University Press, 2014.

⑥ Bostrom N, Yudkowsky E. *The Ethics of Artificial Intelligence*［A］. Keith Frankish andWilliam lVt Ramsey. The Cambridge Handbookof Artificial Intelligence［z］. Cambridge：Cambridge University Press, 2014：316.

存在，在人和机器的博弈与共生之中，也许更应该考虑如何发挥人类特有的创造智慧让机器的发展更符合人的需求。

## 1.2.2 人工智能时代社会风险的理论渊源

理论是行动的先导，好比"参谋"，社会理论无法为某一问题提出详细解决方案，也无法提供细致的问题分析，理论是一种概念的联系与拓展，从某种意义上说，理论是一种整理知识的特定实践，为问题的分析和解决提供方向和思维方式。人工智能带来的社会风险的理论研究尚未成体系，但依然可以从多个角度进行分析。

1. 风险社会放大理论

人们面对风险问题时，会通过以往所学知识或已有经验对外界环境中产生的各种客观风险产生不同的理解、感受和评判，并由此引发趋避心理和决策倾向，这种个体对风险问题的反应称为风险认知，个体之间的风险认知往往会存在不同程度的偏差。随着社会风险日益错综复杂，以往所采用的以"统计—概率"为基础的计量方法不足以预测新的社会风险，因而，统计测量个人风险偏好的"心理测量范式研究"和从社会制度结构到个人且基于科技滥用的"风险社会理论"得到发展。① 但此时，对于社会风险的研究还显得过于零散，需要一个更加全面的新方法，既要能够融合风险的技术概念与社会概念，又要能将不同的社会理论吸收和结合起来，并联合分散但拥有经验的制度和群体，认可不同的知识来源途径，在这种整合和吸纳不同方法和理论的趋势要求下，1988 年 6 月，克拉克大学决策研究院以罗杰·卡斯帕森（Roger E. Kasperson）为代表的研究学者提出一种新的框架，称为"风险的社会放大框架"（Social Amplification of Risk Frame，SARF），其基本论点是：外界环境中的客观风险问题会与民众心理、社会制度和文化状态相互作用，并且在一定程度上加强或衰减对风险的感知并影响决策行为。简而言之，它就是回答了风险分析中一个极其复杂的问题："为什么有些相对较小的风险或风险事件，通常引起公众广泛的关注，并对社会和经济产生重大影响？"加斯帕森等学者借用经典通信理论构造出了风险放大的路径图，② 其框架如图所示：③

① 王京京. 国外社会风险理论研究的进展及启示 [J]. 国外理论动态，2014（09）：95-103.

② Roger E. Kasperson, Ortwin Renn, Paul Slovic, et al, *The Social Amplification of Risk*: *A Conceptual Frame*, Risk Analysis, Volume 8, Number 2, 1988, p. 181.

③ 王京京. 国外社会风险理论研究的进展及启示 [J]. 国外理论动态，2014（09）：95-103.

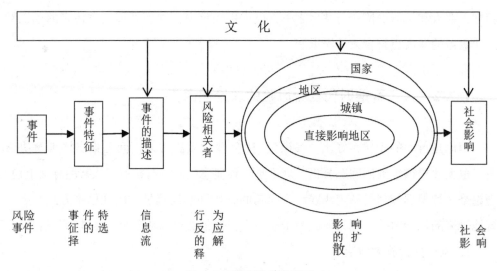

图 1-1　风险放大路径图

由图 1-1 可知，在风险放大的第一阶段，在诸如记者媒体、科学机构、政府部门等社会团体和社会成员的信息放大下，风险信号会被重新诠释和传播。第二阶段即风险信号放大之后，其影响范围如石子入水而产生的涟漪，一层一层不断向外扩散，也称为风险放大的次级效应。该理论通过对风险的动态发展，提出风险的社会放大存在两种机制，一种是信息机制，人们对风险的间接体验往往多于直接体验，也就是说，人们的风险感知多来源于他人或媒体所传播的信息，而信息的数量和受争议度便是风险放大或减弱的推力。另一种是建立在社会制度和文化背景下的反应机制，社会团体和个人的价值偏好、相关利益群体的性质、危险信号和预兆的传递以及污名化现象都会影响对风险的认知、评估和防范。基于风险的社会放大理论，人工智能发展过程中所产生的社会风险，会受到社会团体和个人的影响，因此，为了防止科技风险带来社会恐慌，需要控制舆论信息的发展方向。

2. 社会冲突理论

何谓社会冲突？社会冲突论的代表人物美国社会学家科塞（L. A. Coser）认为，冲突是不同的价值观和信仰之间的碰撞，是少数的资源、权力和地位的斗争，冲突产生于社会财富的分配不均以及对于此种不均的失望。与强调社会稳定的结构功能主义不同，科塞认为，相对灵活的社会结构更加容易产生社会冲突，但只要不涉及基本价值观念或共同观念，那么，这样的社会冲突就不具备破坏性，反而能对社会产生积极的促进作用。因为这类冲突，可以扩大群体与群体间的接触，促进决策过程中民主与集中的结合，可以间接的促进社会稳定和社会整合。因此，社会冲突具有对社会群体内部整合的功能，维系社会与群体间的稳定的功能，促进新社会与群体的形成功能，激励新制度的规范建立的功能以及平衡社会机制。

德国社会学家、思想家、政治家达伦多夫（Ralf G. Dahrendorf）与科塞的观点不谋而合，他认为社会现实具有两面性，一面是和谐与安稳，另一面则是冲突和变迁，社会发展不仅需要安稳，同时也需要适当的冲突，社会组织原有的权力不平衡，使社会一开始就划分为统治与被统治的对立阶级，在一定条件下，弱利益群体投入集体的社会冲突之中，导致组织内部的权力和权威实现再分配，从而实现暂时的社会稳定。因此，达伦多夫认为，要走出稳定与和谐的"乌托邦"，在现实的社会冲突中实现社会发展。

20世纪50年代中后期，一批社会学家吸收古典社会学家马克斯·韦伯关于冲突的辩证思维后，形成了影响极大的社会冲突论，其中心思想便是强调社会冲突对社会巩固和发展的促进作用。结合科技发展的时代背景，互联网、大数据、人工智能等新技术的出现和发展，必然会在不同的社会层面带来一定程度的社会冲突，基于社会冲突理论，在新技术与社会生活发生冲突时，或许，我们不能一味地避让，而是要在冲突发生时实现明确利益的表达；在冲突形成时实现成果的共享，优化利益的分配；同时发挥宏观调控在利益分配中的作用，逐渐化解冲突。合理地利用社会冲突，实现冲突的积极作用，才能推动技术的完善以促进人类社会的发展。[1]

3. 隐私安全理论

1890年，"隐私保护"的概念首次由波士顿律师塞缪尔·沃伦（Samuel D. Warren）和路易斯·布兰迪斯在《哈佛法律评论》杂志上提出，在名为《隐私权》的这篇文章中，指出隐私权是个人最基本的自由，应是一项不受他人侵犯、独特的权利，只有这项权利受到保护，个人才能获得思想、情感、信仰上的真正自由。隐私与社会学、法学、信息技术密切相关，且界定范围较为模糊，个人隐私一旦泄露，就可能造成被骚扰、诈骗、精神攻击、人身攻击等危害，轻则给个人带来生活不便和困扰，重则损害国家安全影响社会安稳。

计算机和互联网的出现，使隐私风险急剧增加，信息不再属于单独的个体，用户与用户之间的信息开始交互，这就意味着，个人隐私更容易被盗取、盗用。当今时代，大数据、云计算、人工智能的出现，开启了数据爆炸式增长的步伐，[2] 海量

---

[1] 罗大文. 社会冲突论研究述评 [J]. 前沿, 2011 (16): 122-125.
[2] 徐明. 大数据时代的隐私危机及其侵权法应对 [J]. 中国法学, 2017 (01): 130-149.

数据被收集和使用，据麦肯锡公司预测，到 2020 年，全球数据使用量将达到约 40ZB（1ZB＝10 亿 TB），数据使用将涵盖社会发展的各个领域。大数据、人工智能这些以数据为支撑的产业成为各行各业争先发展的"香饽饽"，不仅仅是因为可以用其提高社会生产效率，另一个重要原因是，随着网络化社会逐步形成，越来越多的个人数据被发现并深入挖掘，商家将挖掘的数据分析后再商业化，便能从中获利。① "数据"在一定层面上也就是"隐私"的一部分，数据成为商业发展"利器"的同时，也将隐私安全风险和人们对隐私安全的认识及关注提到了一个新的高度。

最直观的事实是无数的骚扰电话和骚扰短信，据 12321 网络不良与垃圾信息举报受理中心统计，② 仅 2019 年 2 月收到的举报涉嫌骚扰电话和骚扰短信分别达到 3.7 万件次和 1.9 万次件，这给人类生活带来不便的同时，也带来了巨大的安全风险，即电信诈骗。在电信诈骗案件中，个人隐私（电话号码、姓名、身份证、银行卡号等）的泄露无疑为犯罪团伙提供了进行诈骗的可能性。不仅如此，摄像头、计算机、互联网将人们的生活痕迹转变为庞大的数据，商家处心积虑地挖掘个人信息并按照个人喜好向用户反馈推送，这样筛选和过滤的过程，实际上也留下了极大的隐患。隐私泄露对个人的危害极多，对企业的发展也同样存在影响，如"棱镜门事件"使美国云计算服务提供商在 2014—2016 年三年间损失收益近 5 亿美元，隐私安全与用户信任息息相关，企业若能做好数据隐私的保护，不仅能提升商业形象，还可以提高自身的竞争力。③

总而言之，信息技术的发展使信息的传播速度远远快于以往，如果信息发出和传播的渠道更加多元和隐蔽，以至于风险的扩散和放大更易发生，不同的声音和不同的价值观可以平等地在虚拟世界里表达和碰撞，社会冲突的形成概率也随之加大，人类生活的数据量化使得个人信息暴露于生活踪迹之中，隐私更加难以保护。事实上，不仅可以从多方面明显地感受到人工智能时代存在的社会风险，而且由科技进步带来的社会风险已遍布人类生活的方方面面，与人类的生存和发展紧密相连。

---

① 刘艺，邓青，彭雨苏. 大数据时代数据主权与隐私保护面临的安全挑战 [J]. 管理现代化，2019，39（01）：104-107.
② https：//www. 12321. cn/index-report. html
③ 王忠，王晓华. 城市治理之大数据应用 [M]. 北京：海洋出版社，2017.

## 1.3　人工智能与社会风险的内涵

### 1.3.1　何为社会风险

随着西方社会风险理论的演进，学者们对"风险"的理解更为广泛。吉登斯曾将风险分为"外部风险"和"人造风险"，其中，"外部风险"一般是指由自然现象给人类社会带来的不同程度的影响；"人造风险"是由于科技的进步而对人类有着显性和隐性影响的风险，与人类的活动密切相关。实际上，由于新技术带来的风险问题，被称为"极重要的风险"[1] 问题，或被称为"技术生态风险"[2] 问题。在采纳新技术过程中，在社会、物理与经济方面可能会给公民带来潜在性后果（参见Renn, & Benighaus, 2013）。[3] 由此类风险所引发的"社会风险"通常是指新技术、新科技导致的人类社会的重大变化，会影响到人类本身及社会的发展进程。它也是人类的活动所导致的风险生成和放大效应，最终使风险扩大，乃至爆发。

1. 人工智能引发的典型风险类型

由于人工智能可以模拟人类智能，实现对人脑的替代，因此，在每一轮人工智能发展浪潮中，尤其是技术兴起时，人们都极其关注人工智能的安全问题和社会风险。从1942年阿西莫夫提出"机器人三大定律"到2017年霍金、马斯克参与发布的"阿西洛马人工智能23原则"，如何促使人工智能更加安全和符合道德规范一直是人类长期思索和不断深化的命题。而对风险进行类型的划分就显得尤为重要。随着人工智能技术应用领域越来越广泛，其引发的社会风险问题受到越来越多人的关注。2018世界人工智能大会安全高端对话在上海举行，发布了《人工智能安全白皮书》（以下简称《白皮书》），提出人工智能安全风险包括网络安全风险、数据安全风险、算法安全风险、信息安全风险、社会安全风险和国家安全风险六方面。本书从管理学视角，将之整合为四大类型，包括社会安全风险、网络安全风险、数据安

---

① Anthony Giddens. *Modernity and Self-identity*. Polity Press , 1991, pp. 4.

② G. Bechmann . *Risiko und Gesellschaft*（risk and society）［J］. Insurance Mathematics & Economics. 1993, pp. 251.

③ Renn, O. and Benighaus, C. *Perception of Technological　Risk*: *Insights from Research and Lessons for Risk Communicationand Management*", Journal of Risk Research, 16. 3-4 （2013）: 293-313.

全风险和信息安全风险（如图1-2）。人工智能时代的社会风险是个现代性概念，人工智能也使社会风险成为时代发展的附加物。

图1-2　人工智能时代社会风险的典型类型

2. 人工智能时代社会风险的特点

人工智能社会风险是作为风险社会的重要组成部分，自身有其鲜明的特点。

第一，不确定性。人工智能社会风险的不确定性主要是由于其不可测和不可控，它是一种"虚拟的现实，现实的虚拟"，表现在风险的产生和消失有时是悄无声息进行的。正如埃德加·莫兰所说，"客观世界最大的确定性是关于不仅在行动里，而且在认识中的不确定性之不可消除的确定性"。[①] 由于人类认知的有限，致使人类防控风险的能力远远达不到人工智能技术指数级增长的破坏力。人类用科学理性的态度来应对传统社会风险的措施，已经不能很好地解决人工智能带来的社会风险的困境，尤其是人工智能技术在创造之初就附有的潜在风险极大可能会成为影响未来世界发展的走向。更丰富、更完善的知识体系逐渐变成新智能社会风险的一个主要来源，甚至是很多用来防范风险的措施都无形之中增加了社会风险的不确定性，导致危害的扩散范围越来越广泛。即使目前人工智能已组建了一个相对比较强的技术帝国，提高了现代人的能力，但这种能力的提高并非完完全全体现出"进步性"，与过去相比，人类在其发展阶段遭受到了更多负面信息的影响和荼毒，致使结果充斥着越来越多的不确定性。随着人工智能技术应用领域的拓宽，人的自主性遭到了前所未有的攻击，人类越发显得渺小。

第二，时空延展性。从时间维度来说，人工智能社会风险是社会历史性的产物，是带有将来时态的词汇。所有的风险都具有潜在性的特征，人工智能技术彻彻底底地利用了这一特点。[②] 一方面是人工智能算法的复杂性使得人工智能风险也呈现出日益复杂的特点，不像传统风险那样只是简单的线性函数关系，人类没有办法再将所有的风险都以具体化的形式呈现出来，风险后果越发不可预测；另一方面，人工

①　埃德加·莫兰. 复杂性理论与教育问题 [M]. 陈一壮译. 北京：北京大学出版社，2004：141.

②　庄友刚. 跨越风险社会——风险社会的历史唯物主义研究 [M]. 北京：人民出版社，2008：44.

智能技术在多领域的交叉应用，导致其引发的风险后果的潜伏期可能会变长，当代人可能只看到人工智能技术所带来的积极影响，对其所造成的风险后果未必了解，它需要几十年、几百年之后，几代人甚至很多代之后，风险才完完全全爆发出来。因而社会风险的潜在化特征自身就埋藏着一个巨大的风险因子：正是因为人类没有办法把控行为的风险后果，无从得知是否会发生风险后果，所以人类就会倾向于无所顾忌地实施所谓的智能行为，进而爆发更大的风险。从空间维度来说，人工智能社会风险是"全球地区性的"，即风险既是地区性的，又是全球性的。在工业社会之前，社会风险危害的只是某一个局部的地区，影响的范围和人数相对较少。到了传统工业社会，不同区域之间的人类联系日渐紧密，打破了原来的狭隘范围，社会风险的规模和范围也随之扩大，受到波及的人群也越来越多。但是传统工业中的社会风险也只是区域范围的扩大，没有涉及全球范围，仍然只具有区域性的特征，只对某一个区域的经济生活和社会生活产生影响。在现代工业社会之后，全世界各个国家之间的经济往来越来越多，社会风险也附上了全球化的特点，但是社会风险如同财富一样被打上了阶级的烙印，只不过财富聚集在上层阶级，而社会风险聚集在下层阶级。在当前的人工智能时代，虽然贫困依然是阶级制的，但人工智能算法引发的社会风险却是民主的。① "飞去来器效应"逐渐打破了阶级和民族国家的边界，公众遭受到人工智能风险危害的概率是平等的。社会风险的全球化伴随着信息革命和产业革命而出现，实际上把全世界的人类捆绑在一起，所有人承担着共同的社会风险，风险的全球化加剧。以工业为例，不少企业借助人工智能技术来发展核技术和化工产业，产生的危害甚至可以摧毁时间和空间、国家和地区之间的界限，人类将会失去赖以生存和发展的土壤，它可以超越世代、跨越种族，甚至是连那些尚未出生的或者是距事故地点相对遥远地区的婴儿也惨遭毒害。Stephen Willian Hawking 受邀英国广播公司 BBC 采访时坦露，"如果人工智能技术具有跟人类相类似的能力，那么人类将失去对它的控制权，而智能技术将加速度的完善自己，更令人担忧的是，由于人类生物学意义上的客观局限性，人类是无法超越技术的进化速度。"由于人类无法与机器抗争，那么人工智能不受控制的应用和发展可能会给人类社会带来毁灭性的灾难。

　　第三，隐蔽性。以人工智能社会风险存在的状态来看，其并不指那些被引发的危害。人工智能社会风险描述了一种安全与破坏之间一种独有的、中间的状态。风

---

　　① ［德］乌尔里希·贝克. 何博闻译. 风险社会 [M]. 南京：译林出版社，2004：36.

险倾向于造成破坏的状态，但并不等同于破坏，它是一种真实的虚拟。人工智能社会风险实际要呈现的是"不再—但—还没有"这种特有的现实状态，从对风险社会的认知来看，社会风险不只是由风险行为本身所决定，还由行动主体的主观认知水平决定，认知水平较高的主体认为社会风险的存在是必然的、绝对的，认知水平较低或者是毫无认知的主体则认为社会风险的存在是相对的甚至是不可能的。以远程控制飞机为例，很多人都鼓掌叫好，期待赶紧商业化。美国在较早前就想把客运飞机改变为远程遥控飞机，替代飞行员的飞行责任，并且已经掌握了核心技术，但美国民航局至今也不敢把这个功能标准化，原因在于部分人工智能专家十分担忧该技术有可能会被一些图谋不轨的人来操控。此外，从风险的构成来看，由于人类知识是有限的，而社会风险是知识和无知的某种特殊结合，无知在此被解释为现在不知道或者是将来也不一定会知道，即潜在的知识。以经验知识为依据，人类对概率的计算从来都不会排除掉人类目前还不知道的既定的事实。这表示人工智能社会风险虽然是客观存在的事实，但它也仅体现在人类的主观意识之中，并对人们的实践行为产生特定影响，才能称之为人工智能社会风险。所以说人工智能社会风险具有非常隐蔽性的特点。

第四，危害性。人工智能社会风险是一个未来的概念，社会风险所引发的某些行为却是现实的事物，倘若风险控制主体的主观认知彻底脱离了客观实际（某些非真实的事物），社会风险就会被无限地放大，引发公众不必要的焦虑和恐慌，增加社会风险的不可控性。人工智能社会风险对主体的危害性是指社会风险爆发的所有可能损失，包括潜在的损失对人类造成的生命和财产损失，这种损失将造成公众陷入焦躁和恐慌的状态，普通大众出现非理性的行为选择，进一步造成社会资源配置效率低下的状况。目前人工智能技术的不成熟和滥用是距离人类社会最近的风险，以计算机为例，计算机中毒就足以破坏人类社会的日常生活。随着人工智能芯片的广泛运用，不少的科学技术专家逐渐把目光锁定到人机结合上，即把芯片植入到人的大脑中，人脑与芯片互相影响，伴随着植入芯片越来越智能化，人们已经不能斩钉截铁地回答到底"谁主谁从"。假设芯片植入人脑被普及化了，一系列的问题将接踵而至，写芯片程序的技术员就相当于上帝，他可以控制和摆布被植入芯片的主体，这比洗脑更为直接，而这对整个人类来说都将是一起极其恐怖的灾难。

第五，双重性。人工智能社会风险具有双重性的社会属性，既是机遇也是挑战。人们不应该只粗浅地看到人工智能社会风险的各种负面影响。对于社会风险的研究，贝克一直保持着积极乐观的态度，他认为，"现代社会并非像艾伦·斯科特所展示的那样，是新千年里德国恐惧的种种表现，恰恰相反，贝克更倾向于选择用一种积极乐观的态度去分析和探索这个现实社会。"① 同样，人工智能时代的社会风险也不应当只看到其积极作用或是消极作用，人们应当以乐观的心态来面对未来，积极关注智能时代的社会风险，以一种扬弃的态度来审视现存的或是将来可能发生的社会问题，进而采取措施来克服和控制风险事态的发生和蔓延。所以说，人工智能社会风险的双重属性，一方面将人类的关注点聚焦到各种潜在的社会风险，另一方面又将人类的目光转移到这些社会风险所伴生的诸多可能性。可以说，"社会风险不只是某种需要进行避免或者最大限度地减少的负面现象，它同时也是从传统和自然中脱离出来的、一个社会中充满活力的规则"。② 人工智能时代的到来，将现代社会的政治、经济和文化等各个领域都联系起来，整个人类被放置到一个社会风险普遍化的风险社会之中，人类需要更理性、更科学地对未来的事件制定出恰当稳妥的策略，所以说，风险也代表着机会和创新。

## 1.3.2 何为人工智能

早在前工业化时期，人工智能/人造物（artificial beings）的前身是"故事机"，它最开始常在科幻创作中频频出现，如文学史上的首部科幻小说《科学怪人》（*Frankenstein*）或舞台剧《罗森的万能机器人》（*Rossum's Universal Robots*）。人类对"人工智能"的想象力和推断，成了现代人工智能伦理讨论的某种原型。③ 现代人工智能（Artificial Intelligence，AI），常被称为机器智能（Machine Intelligence，MI），是与人类和其他动物所拥有的自然智能（Natural Intelligence，NI）相对的一种活动，是通过机器（计算机）呈现的智能行为。"人工智能"一词一般代表着人机交互的技术工具，应用领域广泛，可以表现为"机器学习"和"问题解决"等。④

但是，人工智能技术的发展并不意味着概念的界定，到目前为止，人工智能并未形成一个统一概念。2018 年，国家标准化管理委员会工业二部发布的《人工智能

---

① 乌尔里希·贝克，郗卫东. 风险社会再思考 [J]. 马克思主义与现实，2002（04）：46-51.
② 刘小枫. 现代性社会理论绪论 [M]. 上海：三联书店. 1998，01：48.
③ Pamela McCorduck, *Machines Who Think*, Natick：A K Peters, 2004, pp. 4-5, 17-25, 340-400.
④ Stuart Russell and Peter Norvig. *Artificial Intelligence：A Modern Approach*, 2nd ed., New Jersey：Prentice Hall, 2003, p. 2.

标准化白皮书》认为：人工智能是利用数字计算机或其控制的机器模拟、延伸和扩展人的智能，感知环境、获取知识并使用知识获得最佳结果的理论、方法、技术及应用系统；人工智能是知识的工程，是机器模仿人类利用知识完成一定行为的过程，因而根据人工智能是否能真正实现推理、思考和解决问题，可进一步细分为弱人工智能和强人工智能；弱人工智能无法真正实现推理和解决问题，并非真正拥有智能，也没有自主意识（如语音识别、机器翻译、图像处理），而强人工智能则真正拥有了思维，该智能机器甚至拥有知觉和自我意识，但其目前进展尚不明朗。①

### 1.3.3　人工智能时代社会风险管理分析框架

1. 分析框架的提出

人工智能时代社会风险控制是一个涉及经济、政治、社会等多方面的系统。对于社会风险控制的步骤，都需要从多方面（管理、制度、组织、技术等）进行资源整合。社会风险控制包含了社会安全风险控制、数据安全风险控制、网络安全风险控制和信息安全风险控制四个方面。这四个方面以社会风险的控制为主要目标，相互之间有着密切的联系。鉴于人工智能时代社会风险的二重性，本书在风险控制和风险管理的基础上，结合人工智能技术发展的三个阶段（符号、连接和行动），建构了智能时代社会风险管理的分析框架。

2. 理论框架

本书从纵向与横向相结合的分析视角，构建了人工智能时代社会风险管理"两阶段"理论分析框架（图1-3）。第一个阶段从"技术本体"和"人与技术交互"两个维度分析人工智能技术风险的内在形成机理；第二个阶段分析各类人工智能典型风险引发社会问题的触发机制，探讨技术风险通过社会放大效应引发社会问题的作用机制，在此基础上，挖掘公众对人工智能技术风险的感知，探索人工智能技术风险管理的过程和策略。

纵向分析层面，人工智能的发展在时间节点上经历了一个漫长的时期，其发展道路曲折起伏，并充满了对未知的探索。在人工智能的诞生、发展到提升，取得了令人瞩目的成效，这也是人工智能技术创新的高潮期。在我国人工智能的核心技术层面，传统制造业将迎来智能改造升级的历史机遇。创新的产业布局成为人工智能

---

① 中国电子技术标准化研究院：人工智能标准化白皮书（2018版），2018（1）：5-6.

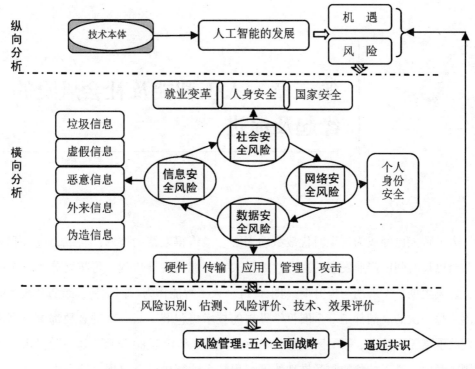

图 1-3 人工智能社会风险"两阶段"理论分析框架

产业发展的战略高地，是信息技术不断更新的过程，是传统与现代产业抢滩布局的纵向更替史。

横向分析层面，伴随着技术创新的进程，人工智能在不同阶段也对社会产生着影响。按照人工智能社会风险对人类社会的影响范围，可以分为社会安全风险、数据安全风险、网络安全风险和信息安全风险四个方面。这四类社会风险反映了人工智能技术的发展对人们生活的不同领域都有影响，甚至对社会安全、社会稳定和社会发展也起着一定的作用。

在纵向与横向分析的基础上，面对人工智能时代的社会风险，必须要通过科学的方法和理论对之进行管理，一般需要经历风险识别、估测、风险评价、技术效果评价等流程，虽然这在很大程度上还是一个理论命题，但风险管理会影响人们的思维方式，打破传统上注重科技与工业发展的积极作用的思想，[1] 培养人们的反思意识，使人类社会进入一个科技与反思的时代，促进科学理性发展进程。

---

① Maurie J. Cohen, *Risk Society and Ecological Modernization*, Futures, Vol. 29, No. 2. PP. 105-119.

# 第二章 人工智能及社会风险的缘起及演进

人工智能已经成为这个时代最激动人心、最值得期待的技术，将成为过去和未来乃至更长时间内产业发展的焦点。纵观人工智能的发展历程，可将之分为三个阶段，即诞生期、发展期与提升期（图2-1）。人工智能作为一门学科，经历几次大起大落。每一次的高潮都是一个旧哲学思想的技术再包装，每一次的衰败都源自高潮时期的承诺无法兑现。第一阶段发生在20世纪50年代至80年代。这一阶段人工智能刚刚诞生，基于抽象的数学推理的可编程数字计算机已经出现，符号主义（Symbolism）快速发展，专家系统和逻辑派技术开始出现，但由于很多事物不能形式化表达，建立的模型存在一定的局限性。此外，随着计算任务的复杂性不断加大，人工智能发展一度遇到瓶颈。第二阶段是20世纪80年代至90年代末期。在这一阶段，连接主义快速发展，专家系统得到快速发展，数学模型有重大突破，但由于专家系统在知识获取、推理能力等方面的不足，以及开发成本高等原因，人工智能的发展又一次进入低谷期。第三阶段是21世纪初直到今天，行为主义成为发展新潮流，随着大数据的不断积累、理论算法的逐渐革新、计算能力的飞快提升，人工智能在很多应用领域取得了突破性进展，迎来了又一个繁荣时期。在这三个阶段中，人工智能技术创新的目标就是创造出优于人类智力水平的智能机器，如基于规则的专家系统、机器学习、遗传算法、神经网络、支持向量机都是技术的迭代。①伴随着统计机器学习、模式识别、知识表示等人工智能各子领域技术积累的成熟，人工智能技术呈现迅猛发展的态势。

---

① 李熙，周日晴. 从三种伦理理论的视角看人工智能威胁问题及其对策［J］. 江汉大学学报（社会科学版），2019（1）：92-100.

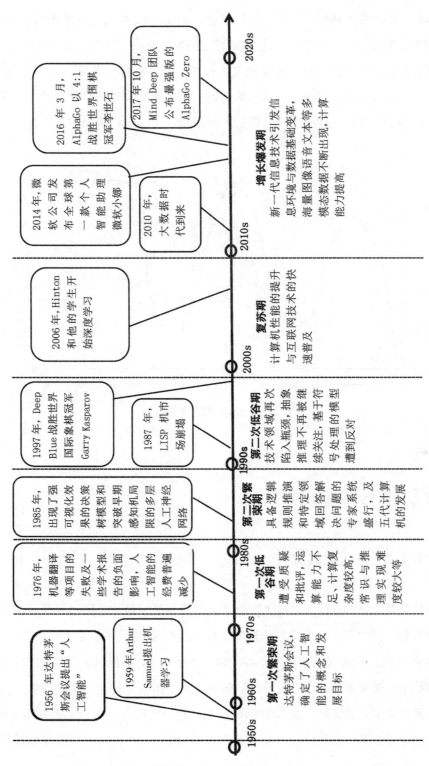

图 2-1　人工智能发展史

新技术的产生与成熟，一般会经历类似于"Gartner 曲线（技术成熟度曲线）"的过山车式发展轨迹（图2-2）。但人工智能的发展轨迹，却比这个要深刻得多，到目前可以说是三起两落，对于未来的技术发展，能不能保持长期持续增长的势头，一切都还是未知命题。然而，可以预见的是，人工智能引发的社会风险也会随着技术发展纵深的出现，从社会安全、数据、网络到信息，风险遍及到人类生活的每个角落。

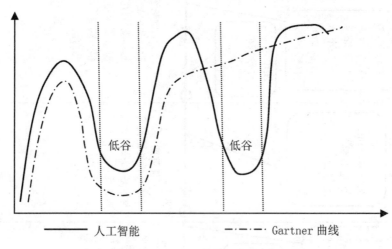

图 2-2　人工智能的发展轨迹

## 2.1　符号主义阶段

### 2.1.1　符号阶段的发展

达特茅斯会议的召开不仅首次提出了人工智能这一概念，同时是符号主义学派主导学者们开创的第一次人工智能浪潮，使人工智能成了一个独立的学科。[1] 赫伯特·西蒙于1956年夏天召集数学、心理学、神经学、计算机科学与电气工程等各种领域的数十名学者聚集在位于美国新罕布什尔州汉诺威市的达特茅斯学院，讨论如何用计算机模拟人的智能，这些学者对人工智能的预期为："一台可以模拟学习或者智能的全部方面，只要这些方面是可以被精确描述的"，这个预期也曾被当作人

---

① 林尧瑞，马少平. 人工智能导论［M］. 北京：清华大学出版社，1998.

工智能的定义使用，这是人工智能发展史迈出的第一步。

符号主义的代表人物赫伯特·西蒙与纽厄尔首先提出了物理符号系统假设，[1]即为主要在符号的计算上完成了相应功能的操作，那么现实世界里就可以实现相对应功能的操作，这是实现智能的充分且必要条件。简单而言，即符号主义认为只要在机器运行中该过程正确，那么现实世界中就是正确的可操作的。

哲学上有一个关于物理系统假设，该假设中包含一个著名的思想实验——图灵测试。图灵测试就是要去对一台机器是否具有智能进行判断和甄别，该实验思路如下：一个房间里同时存在一个人和一台计算机，人和计算机分别通过各自的打印机与外界保持联系，外界的人通过打印机分别向屋内的人和计算机进行提问，此时屋内的人和计算机分别作答，而计算机需要尽量模仿人的行为。两者的回答都是通过打印机进行语言描述。当屋外的提问者无法分辨出哪个是人、哪个是计算机时，即可以证明该计算机具有智能。详细的示意图（图2-3）：

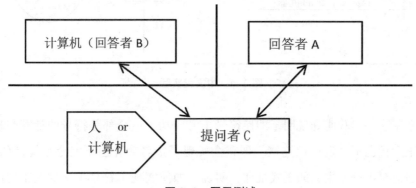

图 2-3　图灵测试

通过这个实验显而易见的是，上述测试是在符号层面进行的，属于符号测试方式。这个测试方式对人工智能的发展而言具有重要意义，直到今天，也没有一个专家能真正对"智能"一词下一个令所有人认同的定义，因此去判断该过程是否是智能的更为困难。图灵测试的存在，让研究者得以将研究智能视角重点放置于智能的外在功能性上，使智能可以在工程的层面上是可以实现与判断的。

然而图灵测试将智能局限于指名功能里面，当指名与指物不同时，图灵测试就无法正确区别于判断人与计算机了。哲学家赛尔于1980年在《行为与脑科学》杂志上发表了"心灵、大脑与程序"（*Minds, Brains and Programs*）一文。文中的一个

---

① Simon, *Herbert and Toshinori Munakata* (1997), AI Lessons, Communication of ACM, August, 1997.

思想实验"中文屋"是后来学者最常用于批判图灵测试的思想实验。[1]

中文屋的实验设施如下：房间的屋内有一个人只懂英文不懂中文，然而这个房间内有一个可输入任意中文问题并回答该问题的计算机程序，且该房间可以通过窗口传递信息。当屋外有人通过窗口递入中文问题时，屋内的人会通过该计算机程序输出该问题的正确答案，由于答案无误，屋外的提问者会直接认为屋内的人精通中文，而实际屋内的回答者对中文一无所知。详细的示意图（图2-4）：

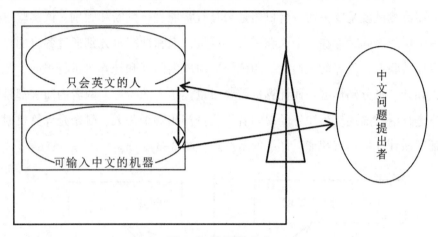

图2-4　中文屋实验

中文屋这一实验明确说明了即使符号主义成功了，全部是符号的计算与现实世界的真正运行也不一定可以连接，即完全实现了指名功能也不完全是智能的体现。这是哲学上对于符号主义的正式批评，明确了即使实现了符号主义的人工智能也不能算是真正地实现了人工智能。

尽管被质疑，但不可否认的是符号主义仍然在人工智能的发展中扮演了重要的角色，早期赫伯特·西蒙与纽厄尔在机器证明方面做出了杰出贡献，我国的王浩、吴文俊等人也在不同程度上得出了重要结果。[2] 机器证明以后，符号学派内部产生矛盾，定理证明被分成两个学派，"纯的"和"不纯的"，"不纯的"学派认为需要将定理引入智能程序过程表示，而"纯的"学派则认为将定理引入过程知识是一种作弊行为，这是一种逻辑与心理的对立，两个学派的对立也使得人工智能发展受到局限。在这之后，符号主义最重要的成就是专家系统和知识工程，但是如果一直沿

---

① 马少平，朱小燕. 人工智能 ［M］. 北京：机械工业出版社，2016：12-14.

② Wang, Hao（1960），*Proving theorems by pattern recognition −II*, Bell System Technical Journal, 40, pp. 1-41.

着这条路去实现智能这个理想，显然是不可行的。后来阿贡实验室定理证明小组的解散，以及日本第五代智能机的失败都是其缺陷存在的铁证。

要想实现真正的符号主义，面临着三个现实挑战。第一个是概念的组合爆炸问题。每个人掌握的基本概念大约有 5 万个，其形成的排列组合方式是无穷无尽的。第二个是命题有组合悖论的存在，当两个都是正确且合理的命题组合到一起，就变成了无法判断真假的句子了，比如说柯里悖论（Curry's Paradox）（1942）。第三个也是最难的问题，即经典的概念很难在现实生活中得到准确的描述，知识很难得到提取。以上三个问题成了符号主义发展的瓶颈。

## 2.1.2 技术变革：专家系统和逻辑派

20 世纪 50 年代到 70 年代初期，人工智能研究处于"推理期"，人们认为只要赋予机器逻辑推理能力就能使其智能化。这一时期主要的代表性研究是 H. Simon 和 A. Newell 的"逻辑理论家"程序，值得一提的是该程序在 1963 年成功证明了著名数学家罗素和怀特海所著《数学原理》一书中全部的 52 条定理。随着研究的逐渐发展，人们逐渐意识到仅仅具有逻辑推理能力的机器远远实现不了人工智能。20 世纪 70 年代中期开始，人工智能的发展进入"知识期"，专家系统大量出现并应用到各种领域。在众多人工智能应用领域中，专家系统是人工智能浪潮中从理论走向实践最具代表性和突破性的领域之一。专家系统是人类利用智能技术研发的一种程序，它具备某一领域比较完备的知识系统和经验总结，能够模拟专家的思维方式和行为决策，高水平地解决领域内各种问题。被誉为"专家系统和知识工程之父"的斯坦福大学 Edward Feigenbaum 教授将其定义为：一种运用知识和推理来解决只有专家才能解决的问题的智能计算机程序。[①] 迄今为止专家系统已经被广泛地应用于医疗诊断、石油化工、文化教育、生态环境等多个社会发展领域，并逐渐发展成为一个独立的分支体系。

专家系统由知识库、推理机、解释机制、用户界面、知识获取机制、工作数据库六大主要组成部分构成一般结构模型（图 2-5）。知识库是专家系统中储存和管理知识的基础模块，能够按照适当的规则对知识进行更新、删除和添加。推理机是一组能够运用知识库中知识进行新知识推导的计算机程序。解释机制通过追踪记录推

---

① （法）雅科米，Jacomy，等. PLIP 时代：技术革新编年史 [M]. 北京：中国人民大学出版社，2007.

理过程来回答用户关于系统推理行为的疑问。知识获取机制则是将知识转换成计算机可识别形式导入知识库的一个程序。工作数据库是专家系统推理运行过程中所产生的中间数据储存库。用户界面是实现人与计算机交互的通道，将用户输入的信息转换成系统可识别的形式后导入不同模块处理，最后将结果反馈给用户。专家系统通过多种程序语言利用知识获取机制将专家总结的知识和经验输入到知识库，用户通过用户界面输入问题并传递给推理机进行问题分析和解决，中间产生的数据保存在工作数据库以便专家系统总体的演绎推理，最后由解释机制对推理机所作出的推理行为进行解释后通过用户界面传输给用户。

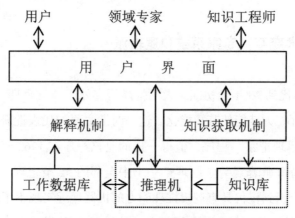

**图 2-5　专家系统的一般结构模型**

近几十年来，人们创造了数以千计不同规则的专家系统，有几乎与人工智能发展历史一样悠久的用于列举合理有机分子化学结构（原子键图）的 DENDEAL 专家系统；有最典范、最成功、最著名的针对由血液和脑膜炎引起的感染性血液病给出诊断和治疗建议的 MYCIN 专家系统；有使用被称为推理网络的结构来表示其数据库的用于矿物勘探方面的 PROSPECTOR 专家系统。近年来，改善就业匹配系统、振动故障诊断系统、自动牙科识别等系统的研发和应用，更是表示着人们采用混合智能方法开始研究专家系统的进一步发展。

## 2.2 连接主义阶段

### 2.2.1 连接阶段的发展

如上所述，图灵提出"机器与智能"以来，就存在两派观点：一派认为实现人工智能必须通过逻辑和符号系统；另一派则认为需要通过模仿大脑的构造来实现人工智能。连接主义的主要理念是大脑是一切智能的基础，主要关注大脑的神经元及其连接的机制，进而在机器层面实现相对应的模拟。前面已经说明了知识是智能的基础，而概念是知识的基本单元，因此连接主义主要研究的是概念的心理智慧以及如何在机器层面上体现这种心智，这对应着概念的指心功能。

麦卡洛克（Warren McCulloch）和皮茨（Walter Pitts）于 1943 年首次发表模拟神经网络的原创文章，随后的 1949 年神经心理学家赫布（Donald Hebb）出版了《行为组织学》，在该书中，赫布提出了"Hebb 规则"的学习机制，是后来的各种无监督机器学习算法的基础理论。神经网络的另外一个大突破发生在 1957 年，罗森布拉特（Frank Rosenblatt）在一台计算机上模拟实现了一种由他命名为"感知机"（Perceptron）的神经网络模型。该模型的成功模拟，在理论层面上证明了单层神经网络在处理线性可分的模式识别问题时，是可以收敛的。但此后该观点被明斯基在《感知机：计算几何学》一书中反驳，该书指出单层神经网络不能解决异或问题（XOR），而异或问题是基本逻辑问题，如果这个问题都无法解决，那神经网络的计算能力实在是有限的。感知机的失败让人工智能的研究出现了一次"大饥荒"。

1974 年，沃波斯（Paul Werbos）发表一篇博士论文，证明在神经网络上多加一层，并且利用"后向传播"的学习方式，可以有效解决异或问题。真正让神经网络再次复兴的是物理学家霍普菲尔德（John Hopfield），1982 年霍普菲尔德提出一种新的神经网络，可以解决一大类模式识别问题，还可以给出一类组合优化问题的近似解。新的神经网络算法的提出引起了物理学界的轰动，科学家们纷纷开始研究神经网络的实现，这一轰动被称之为连接主义运动。

连接主义认为可以实现完全的人工智能，但是哲学家普特南于 1981 年出版了《理性、真理与历史》（*Reason, Truth and History*）一书，该书提出了"缸中之脑"

的假想实验，① 这个实验描述为：一个人（可以假设这个人是个体自身）被科学家进行了手术，他的大脑被切除并养在富有营养液的缸中，而连接大脑的神经末端与计算机相连接，同时计算机可以按照程序向大脑传递信息。对于个人（个体）来说，他人、物体、天空都是存在的，这些信息都通过神经输入，但是这个大脑里储存的记忆是可以被更改、截取甚至被输入的，比如计算机输入一段代码，让这个人"感觉"到自己正在阅读这一段有趣且荒诞的故事：一个人的大脑被科学家取出放入一个有营养液的缸中……

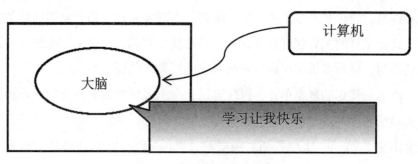

图 2-6　"缸中之脑"实验

"缸中之脑"实验说明了即使连接主义实现了，也存在过度指物的严重问题。因此，连接主义实现的人工智能也并不能真正的等同于人的智能。后面辛顿提出了深度学习这个概念试图使得深度网络实现实用化。最广为人知的 AlphaGo 战胜李世石，之后又战胜柯洁，都是深度学习带来的人脑模拟的实际运用。在语音识别和图像识别方面，深度学习已经达到了实用水平，然而这也并不意味着连接主义实现了人的智能，因为到今天为止，人类也并没有真正地认清人脑工作的内在，其概念界定的实质，深度学习对于人脑模仿仍然还有很长的路要走。

值得一提的是，此次浪潮得益于飞速增长的计算能力与软硬件计算机的发展水平，但这些技术水平终究没能达到进一步发展的要求，因此深度学习在当时的条件之下仍然无法实现。此外，由于专家系统应用领域较为单一，人们所尝试研制的通用于各领域的人工智能程序也无法真正实现。

## 2.2.2　技术变革：机器学习

机器学习是现阶段实现人工智能应用的主要技术，在整个人工智能体系中处于

---

① Penrose, Roger (1989), *The Emperor's New Mind*, Oxford University Press.

核心地位。机器学习就是根据样本数据学习模型，用模型对数据进行预测与决策，简单来说就是让计算机像人一样，具有能够从实际案例中学习到知识和经验的能力，从而具备判断和预测的能力。① 类似于婴儿出生时没有视觉和听觉的认知能力，在成长过程中宝宝不断从外界得到事物信息对大脑形成刺激，经过长期训练就会建立起认知，并将其应用到以后所接触到的世界。机器学习也是如此，例如让计算机识别花的种类，可以采集大量花卉图像作为样本，在类别划分和标明后将图像送入机器学习程序中进行训练。最终通过训练所得到的模型就可以判断新输入的图片是哪一类型的花卉了。正是由于机器学习与之前需要人工设定规则的模型相比，具有自动从大量数据中抽象、归纳出知识和规则的能力，使它可以横跨计算机科学、统计学、工程技术等多个学科实现社会各个领域的应用。

机器学习的历史最早可以追溯到 19 世纪 50 年代，例如 19 世纪 50 年代初期 A. Samuel 研究的著名跳棋程序、19 世纪 50 年代中后期以 F. Rosenblatt 研发的感知机和 B. Widrow 的 Adaline 为代表性创造的"连接主义"学习、六七十年代出现的基于逻辑表示的"符号主义"学习技术、以决策理论为基础的学习技术以及现在仍然热门的统计学理论都是这个时期所出现的。但是机器学习被视为"解决知识工程瓶颈期问题的关键"而走上人工智能主舞台，成为一个独立的科学领域，是在 19 世纪 80 年代。这一时期各种机器学习技术百花初绽，最典型的成果就是用于多层神经网络训练问题的反向传播算法和各种决策树，前者至今在深度神经网络研究中还被广泛运用。20 世纪 90 年代是机器学习快速发展走向成熟的时代。这一时期出现了随机森林、循环神经网络、支持向量机等大量经典算法，同时机器学习走向真正意义上的应用，如垃圾邮件分类、车牌识别、文本分类、搜索引擎网页排序等具有生活实用性的产品。21 世纪初以"深度学习"为名的连接主义学习热潮又重新掀起。深度学习技术首先在机器视觉、语音识别领域取得成功，随后又应用到图形学、自然语言处理、数据挖掘等领域并达到人类或者超越人类的水平。

目前机器学习技术已经广泛应用到人们的日常生活中，例如语音识别、人脸检测、自动驾驶、互联网搜索引擎等。语音识别是机器通过理解人类说话的声音信号，利用语言输入法、人机对话系统等关键技术，以实现声音信号向文字转换的目标。早期语音识别是通过模板匹配实现，随着人工智能的发展，机器学习代替模板匹配为语音识别提供了更加灵活、精确的技术支持。现在越来越多的手机软件引用语言

---

① 雷明. 机器学习与应用 [M]. 北京：清华大学出版社，2018：4-5.

识别功能，以满足更广大客户人群的使用需要。人脸检测是机器视觉领域深入研究发展的成果，目的是排除不同人外观差异和光照等因素的影响，准确检测人脸在图像中的位置，为人脸识别提供最基础的准备。人脸检测在安防监控、拍照软件、人机交互等领域都有着重要的应用价值。全世界每年有上百万人因交通事故丧失生命，由计算机实现自动驾驶是目前人工智能领域研发的一个理想方案。自动驾驶的使用和普及可以解放驾驶员，确保不会出现疲劳驾驶、酒后驾驶、违章驾驶等情况，从而降低事故发生率。要实现自动驾驶必须解决车辆定位、道路环境感知、线路规划、实时决策和控制等问题，因此它也是人工智能领域非常具有挑战性的研究问题之一，目前虽然成功研发，但还未普遍应用到现实生活中。互联网搜索引擎通过分析网络数据来找到用户所输入的查询信息，以实现信息的整合和反馈。这不仅节约了使用者了解所需要信息的时间，也为决策提供了更加全面多样的选择。如今，百度、谷歌、雅虎等公司纷纷成立机器学习技术研究团队，致力于更全面快速的信息搜索技术的研究，以求为人们生活提供更大程度的便利。

## 2.3 行为主义阶段

### 2.3.1 行为阶段的发展

从生物学里找到计算的模型，利用自然界中的例子作为人工智能类似行为的模板，是行为主义主要进行计算机模拟的路径。行为主义认为智能取决于感知和行动，不需要通过知识、表示和推理的过程，只要将智能行为通过机器表现出来，即只要实现了指物功能就可以将该机器认为是具有智能了。

霍兰德（John Holland）通过模拟种群的进化过程，定义了一种新的算法："遗传算法"，这其中包涵了生物学中的"优胜劣汰"的含义。随着 20 世纪 80 年代后期神经网络的复兴，遗传算法作为一种受生物学启发的算法，得到更多的认可，同时也有了更多的实际应用。[①] 随后，霍兰德的学生寇扎（John Koza）于 1987 年给出了一个新的思路，并将其命名为"遗传编程"（Genetic Programming）。霍兰德的另外一个学生巴托（Andy Barto）在霍兰德的基础上衍生出强化学习，是神经网络发

---

① Johnson, Paul (1988), *Intlletuals: From Marx and Tolstoy to Sartre and Chomsky*, Weidenfeld& Nicolson.

展的另一个走向。谷歌 2017 年用强化学习来寻求 NP-hard 的近似解，这是强化学习在人工智能领域的一大功用。

对行为主义的哲学批判，普特南也设计了一个思想实验，这就是"完美伪装者和斯巴达人"的假设。完美的伪装者面对外界不同的情境可以做出完美的表演，在悲伤境遇下表现出泪流满面，在快乐境遇下表现出喜出望外，但是其实际的内心则是毫无波动的，无比冷静。而斯巴达人则完全相反，无论其内心里的感触是激动万分还是无动于衷，他对外界的反应都是同一个反应，毫无变化。完美伪装者和斯巴达人的外在表现都和其内心实际反应相去甚远，这样的智能应该如何通过其外在探求内心呢？因此，行为主义所支持和实现的人工智能也无法称之为真正的人工智能。

行为主义面临的最大的困难，实际可以用莫拉维克悖论来进行说明。莫拉维克悖论所描述的是最困难的就是最简单的，而最简单的往往是最难的部分。人工智能最难以达到的就是人类技能中那些无意识就完成的技能。目前，模拟人类行动还面临着许多的困难，例如可以模仿人做高难的后空翻动作的波士顿动力公司研发的人形机器人，它可以在任何地形负重前行，却因能耗过大、噪声过大而无法被使用。

无论是遗传算法、深度学习还是强化学习，都缺乏计算理论的基础。生物学激发的学科都是模拟自然，不需要理论来解释原因，不需要了解内部的构造，只要能输出正确的结果，就够了。目前，深度学习已经广泛运用于图像、语音、文字识别以及数据挖掘等领域并取得一定成果。例如谷歌、百度等公司的拍照翻译产品运用深度学习，可以做到即时识别文字，并立即给出翻译；旷视公司基于深度学习推出的人脸识别技术，可以实现即时的人脸搜索、识别等功能。

## 2.3.2 技术变革：人工神经网络和智能机器人

### 1. 人工神经网络

伴随着神经解剖学的发展，人类对大脑的组织形态、结构、活动的认识日渐加深。如何借助神经科学、脑科学等研究成果，建立模拟大脑信息处理过程的智能计算机模型以实现类脑智能技术，成为人工智能领域更进一步发展的目标。以认知仿生驱动的类脑智能涉及计算机科学、神经科学与脑科学等多个前沿发展领域，人类对大脑神经系统的研究是类脑智能实现的基础。[①] 人脑是由几十亿个神经元组成的复杂生物网络，神经元是脑细胞的基本单位。神经元通过突触实现彼此之间高度连接和信息传递，将所接触到的信息或知识进行储存，从而使人类具备联想、记忆、演绎、推理等能力。人工神经网络就是一种模仿人类神经网络而研发出来的拥有自学习和自组织等智能行为的数学模型。它通过模拟人类神经系统的结构，利用大量人工神经元进行信息计算，神经细胞接收周围细胞的刺激并产生相对应的输出信号后向下一级神经元细胞体传递，以此将大量人工神经元高度连接起来形成网络系统。在人工神经网络发展过程中，因其具备的自主学习、联想记忆储蓄、快速寻找优化等优越性，研究者将人工智能其他应用领域与其联合，为机器人学、人工生命等提供必要帮助。

关于人工神经网络的研究可以追溯到 19 世纪末期，其发展历史可以分为启蒙、低潮、复兴、高潮四个时期。[②] 启蒙时期是以美国心理学家 William James 发表的第一部详细论述人脑结构及功能的《心理学原理》为开端。1943 年生物学家 W. S. McCulloch 和数学家 W. A. Pitts 在神经细胞生物学基础上，从信息处理的角度提出了形式神经元 M-P 模型。这一模型被认为开创了神经科学理论的新时代。电机工程师 Benard Widrow 和 Marcian Hoff 设计并用硬件电路实现了计算机上仿真的人工网络，这一贡献更是为今天超大规模集成电路实现人工神经网络奠定了基础。20 世纪 70 年代集成电路和微电子技术迅猛发展，基于逻辑符号处理方法的人工智能取得显著成就，因此极大地影响了新型计算机的发展，人工神经网络研究陷入低潮时期。芬兰的 T. Kohonen 教授在 1972 年提出自组织映射理论（SOM），将神经网络结构形象地称为"联想存储器"。日本东京福岛邦彦教授开发出一些神经网络结构与训练算法，并于 1980 年发表了著名的"新认知机"。上述研究成果虽然未能够引起人工智能领域的重视，但其科学理论仍然有借鉴价值。1982 年美国物理学家 John J. Hopfield 博士，在梳理总结已有的各种网络结构和算法基础上，研发出 Hopfield 网络模型。这一时期大量深入性的科研成果，掀起人工神经网络复兴的热潮，使人们对于类脑信息处理智能计算机的研发有了更进一步认识。1987 年首届国际神经网络学术会议在美国召开，这标志着世界范围内对于人工神经网络的研究进入高潮时期。神经网络的理论、应用、模型开发均高速发展，多种学科交叉研究更是为未来社会

---

① 焦李成，杨淑媛，刘芳，王士刚，冯志玺. 神经网络七十年：回顾与展望 [J]. 计算机学报，2016，39（08）：1697-1716.

② 韩力群，施彦. 人工神经网络理论及应用 [M]. 北京：机械工业出版社，2015：5-12.

进一步智能化提供科学基础。

人工神经网络模拟人类脑结构，智能式处理信息的能力使其有广阔的应用前景。例如在自动化领域中，基于神经网络的系统辨识，建立起非线性系统的动态和静态模型，能够很好解决复杂非线性对象的辨识问题。在医学领域的生物活性研究中，用神经网络对检测数据进行分析，可以提取致癌物的分子结构并对其作出预先评价，有效避免盲目科研投入而造成的浪费。工程领域中，神经网络在化学工程、军事工程、汽车工程等方面的研究蓬勃发展。如在汽车刹车自动控制系统中，神经网络系统能够在给定安全刹车距离、车辆行驶速度等情况下，不受道路坡度和车重的影响，让车内乘员感受到最小的刹车冲击。

2. 智能机器人

关于机器人技术的讨论和研究早在 1930 年就开始了，但当时人们对于机器人的理解是能够进行编程和多种功能的操作机器。国际标准化组织（ISO）将机器人定义为：一种可以借助可编程序执行各类任务的，具有自动控制和移动功能的多功能机械手。也就是说对于机器人的认知仅仅停留在生产层面，对其感知能力、协同能力、规划能力等方面并没有过多考虑。然而随着"智能"概念研究发展的多元化，机器人学的研究方向开始向"类人化"转变，智能机器人出现在人们的视野中。本书采用中国自动化领域首席科学家蒋新松教授的定义：一种将机器人技术与人工智能技术相结合的，根据确定的任务进行问题分析，以实时模型为基础进行决策和计划制定，具有自主决策能力、环境适应能力、自我认知能力的多功能、多自由度一体化的现代新型机器人。从某种意义上来说，可将智能机器人理解为可以自我控制的"活物"。现今，智能机器人的发展已经渗透到社会各个行业，慢慢取代简单劳动力成为家庭日常生活、工业生产制造中不可或缺的一部分。

智能机器人依据应用方向可以分为工业智能机器人和服务智能机器人两个大类型。工业智能机器人是一种具有一定学习能力和高度适应性，能够通过重复编程完成操作任务的自动机械装备和系统，可以用于码垛、装配、焊接、切割、冲压、铣削等多种生产工作。此外，还有专门的化学爆破、灾害救援、矿山挖掘等针对高危职业研发的机器人。卡内基梅隆大学机器人研究中心研发的 Groundhog 就是一款全自动矿井测绘机器人，具有井下实时探测环境、精确绘制三维立体模型等功能，能够及时发现危险产生预警。服务智能机器人则根据国际机器人联合会给出的初步定义，可以理解为是一类通过自动化或半自动化方式运行，为人类生活提供帮助的机器人。智能化高速发展的今天，清洁、护理、执勤、娱乐、救援等场合常常能看到此类机器人工作的身影。其中最具有代表性是 Intuitive Surgical 公司与 IBM、麻省理工学院以及 Heartport 公司联合开发的达·芬奇手术智能机器人，它由外科医生控制台、机械臂系统和成像系统三个部分组成，能够增加视野角度、减少人工疲劳和手部颤动，从而提高操作的精准性以及手术成功概率。

早期工业智能机器人是人工智能领域研究的重点，据日本数据调查显示，1994—1999 年间工业智能机器人的研发及制造数量比过去增加 2 倍。但是随着社会生活水平的提高以及人工神经网络、机器学习等其他人工智能分支的发展，机器人行业市场前景扩大，机器人的研发开始以服务型智能机器人为主。特别是进入 21 世纪以来，智能机器人技术与传统技术相比，在机械硬件、电子硬件、嵌入式软件、上层软件、智能算法等方面都有了显著发展。人们不再满足于提高工业生产效率这一单一目的，而是将日常生活与智能化机器人高度结合起来，以更好适应信息量增大、竞争性增强、生活节奏加快的现代社会。大狗（Big Dog）、亚美尼亚（Asimo）和 Cog 等现代机器人技术的成功开发，就是智能机器人技术发展现状最好的例证。

## 2.4 人工智能时代的机遇及伦理风险边界

随着人工智能技术应用的发展，算法研究进入一个更广泛的应用领域，并开始与金融、政务、文化、教育、医疗、生态以及生活等领域相结合。譬如 2010 年开始的第三次人工智能热潮，出现深度学习的复兴，人工智能已经能够通过机器视觉、语言识别、机器人学、遗传编程、人脸识别、智能控制以及图像识别等技术，进行智能支付、智能政务、智能教育以及智能客服，给更广泛的应用人工智能带来更大的机遇，成为加快推动产业智能化升级的重要举动。同时人工智能技术在人类的各个方面的应用，将会对社会伦理和法律规定产生冲击。如何界定人工智能技术应用的行为边界，营造一个良好市场环境，是当前新一代人工智能发展的重要环节。

### 2.4.1 人工智能带来社会发展机遇

新技术的发展带来的机遇是全方位的。乘法效应说明的就是这个道理：在高科技领域每增加一份工作，相应地在其他行业增加至少 4 份工作，传统制造业则为1：1.4。[①] 伴随着人工智能的飞速发展，相关行业如雨后春笋般诞生，人工智能技术的广泛应用给社会建设带来了新的机遇，主要体现在与金融、政务、文化、教育、医疗、生态以及生活等领域的结合上。

1. 人工智能与金融领域的结合

由于金融领域具有数据密集、资本密集以及高额盈利的特点，使得人工智能金融是人工智能与经济领域的融合最主要的表现形式之一。人工智能与金融领域的结合，能够促进新时代的金融服务转型和升级，让风投更安全、理财更科学、服务更到位。

人工智能与金融的结合主要包括六大类，分别是智能投顾业务、智能金融投研业务、智能金融信贷业务、智能金融咨询业务、智能金融监管业务以及金融保险业务。

智能金融投顾业务也称智能投资顾问，是一种新型的在线财富管理服务模式，即机器人投顾。智能金融投顾是人工智能通过智能算法技术，结合用户提供的投资风险偏好、自身经济能力以及投资收益要求等信息后，使用投资组合优化等经济学理论模型为用户量身打造最佳投资方案的服务，并为用户提供后续的实时追踪和动态管理。

智能金融投研业务是一种人工智能投资研究，需要进行行业研究和投资分析，主要经过"搜索—数据提取—分析研究—观点呈现"的流程。智能金融投研借助动态 SEO、语音语义识别和知识图谱等基础技术进行智能自动搜索，并自动提取有用的数据，自动生成展示文件。

智能金融信贷服务是人工智能与金融领域结合最为紧密的业务，其业务流程主要包括三阶段，分别是"营销获客—贷前反欺诈、贷前信用审核以及贷中监控—贷后管理"。金融信贷服务与人工智能的主要结合点是大数据技术的应用，智能信贷可以通过大数据，充分了解企业的发展现状，更快速精准地进行信用审核，参考智能软件的决策结果决定是否进行贷款业务。

智能金融咨询服务的应用主要体现在智能客服和大数据信息查找上。智能客服通过自主学习金融领域的知识，在与用户交流过程中，了解用户的偏好和习惯，为客户提供更准确的解答。智能金融咨询服务的大数据信息查找是利用人工智能技术

---

① ［美］皮埃罗·斯加鲁菲，智能的本质［M］. 任莉，张建宇译. 北京：人民邮电出版社，2017.

的搜索识别功能，快速匹配关联的数据，并且精准快速为用户提供数据信息。

智能监管服务通过两种方式即规则推理和案例推理的方式进行金融场景的学习，让其充分熟悉金融场景中违法行为的特征，当发生某种违法行为时，人工智能监管平台能迅速采取应对措施。人工智能规则推理的方式是将金融行业的各种法律法规和行业规则输入人工算法中，使软件能够利用学习到的规则进行推理，并采取相应的措施。人工智能案例推理的方式是指学习金融行业中典型的案例，以此对金融场景中是否合规做法进行清晰判断。

智能金融保险服务结合人工智能技术，从两个方面提高保险服务行业的速度和质量。一方面，使用大数据技术根据用户需求和经济条件制定合适的保险方案；另一方面，通过人脸识别，鉴别用户的索赔证据是否真实。

2. 人工智能与政务领域的结合

人工智能技术与政务领域的结合，将促进各个行政组织之间不断交流和融合，使行政流程变得更加简洁、高效、透明化，同时，办事的群众可以足不出户便享受到全方位的立体服务。人工智能在政务领域的应用主要体现在简化政务流程、人员培训以及事中事后监管。使用人工智能技术在简化政务流程上，主要有进行数据搜索、分析和处理，机器填表，建立专业政务服务知识库，使用人工智能技术学习知识库内的内容，从而为公众提供解答和服务。

人工智能在政务人员培训上，不仅能够根据政务人员的办事能力和知识关联等数据分析其技能掌握状况，为领导层制定针对性的工作培训计划，而且还可以从政务人员思维方式、习惯偏好、性格特点以及家居环境等方面，为每个工作人员提供个性化、定制化的学习内容和方法，有效提高培训的效能。

人工智能不仅能在工作人员教育培训方面发挥作用，还能够在政务服务领域发挥出重要作用。在政务监管部门，人工智能可以通过对其数据和信息的分析和学习，自动识别出监管对象并进行实时追踪与预测，从而减轻工作人员的压力，达到监管的目的，及时防范风险的发生。

3. 人工智能与文化领域的结合

随着生活水平的提高，人们对精神文化的需求也逐渐增大。然而，尽管我国公共文化服务领域的各个方面都在逐步完善，但是供需不平衡的问题依旧没有得到根治。因此，人工智能与文化领域的结合将创造出新艺术和新风尚的方式给文化产业带来变革，这既是发展文艺的表现形式，也是刺激文化消费的需求。

人工智能技术将从三个方面智能驱动公共文化服务。首先，人工智能大数据技术可以通过网络数据分析获取人们的需求数据，再根据该数据智能提出针对文化设施的改进和建设方案。其次，在文化服务场所增添人工智能机器人也可以为服务层面带来新的变革。人工智能机器人的出现为文化场所的讲解、服务甚至形象塑造提供新途径，为旅游景点的游客压力提供新的缓解方式，其自动化服务也节省人力成本。最后，人工智能作为新技术，除了可以作为技术层面的应用，也可以用来创造文化作品，形成文化价值。人工智能作为主题内容进行价值开发，也可以为文化产品提升营销效果，最大限度地发挥文化产品的溢出效应。

4. 人工智能与教育领域的结合

人工智能现已成为国家之间参与国际竞争的重要力量，人工智能将推动各个行业形态的巨大变革，由于教育担负着培养人工智能时代人才的重任，因此新时代的人工智能与教育的深度融合为国家培养创新型和智能型人才奠定坚实的基础。

人工智能与教育领域的结合主要体现在人工智能技术与教学手段的结合。包括智能语音技术、智能批改作业系统、智能分析技术以及智能游戏化教学平台。

一是人工智能语音系统具有辅助教学的作用，一方面，人工智能通过在课堂上创设情境与学生进行互动，激发学生学习兴趣和活跃课堂教学气氛；另一方面，人工智能的语音系统通过加载纯正发音资料，帮助老师修正语音不足，从而提高老师的专业水平。二是智能批改作业系统需要利用智能识别技术对文字进行识别，对逻辑应用进行模型分析。最初级的智能批改是中考高考最常用的批改模式——机器批改，现阶段人工智能技术已经能够实现对海量题库进行学习、比对，从而对每一类题型的解法形成智能对比结果，在面对已经完成数字化转换的学生作业时能够实现智能批改。三是智能分析技术能够为客户构建和优化学习内容模型，帮助客户更加准确选择适合自己学习的内容。其主要流程是收集学生的学习数据—预测学生未来表现—智能推荐学习材料—显著提升学习效果。四是智能游戏化教学平台应用的三层核心价值观。首先，游戏动机是最基础的价值，是将游戏应用到学习的过程中，不断激发学生的学习动机。其次，游戏思维是比游戏动机更高层次的价值，将游戏中的设计模式、历年或经典元素应用到教学当中，而不是完全进行游戏。最后，游戏精神是最高层次的价值，是指学习者在类似游戏的宽松自由的状态下进行学习。因此，智能游戏化教学平台是要参考这三层价值观，将枯燥的学习融入游戏当中，通过人工智能技术的发展使智能游戏平台的教学方式更加多样和有趣。

5. 人工智能与医疗领域的结合

相对于传统医疗，人工智能与医疗的结合具有显著的优势。人工智能与医疗领域的结合能够提升医疗机构的运营效率，提高医疗技术水平，降低疾病发生风险。人工智能与医疗的结合主要分为五大类：人工智能医学影像、人工智能医药研发、人工智能疾病预测、医疗机器人以及人工智能虚拟护士。

人工智能医学影像是指可以通过对 X 光片、超声数据 CT（X 射线断层扫描）和 MR（磁共振）影像进行读取，根据影像资料精准判断病人是否患病。然而现今人工智能医学影像的应用存在两方面阻碍。一方面，医学影像的数据资源十分有限，特定品种的医学影像数据更少，使人工智能无法进行深度学习。另一方面，人工智能医学影像技术人员需要具备人工智能领域和医学领域专业知识，而这种复合型人才的缺失极大地限制人工智能医学影像的应用。

人工智能医药研发是使用深度学习技术，通过大数据对药物成分进行分析，从而快速而精准地筛选出最适宜的化合物或其他药物成分，最终达到缩短研发周期、降低成本以及提高研发成功率的目的。

人工智能疾病预测利用临床数据进行数据建模，然后在数据库中进行测试，该模型经过测试后，会生成"虚拟患者"，医疗研究团队可以对这些"虚拟患者"的疾病进展进行预测，以此推进研究结果不断修正。

医疗机器人主要包括外形手术机器人、实验室机器人、康复机器人以及医用服务机器人。医疗机器人在医学领域的应用可以帮助患者完成自动化的检测，提高问诊效率；辅助医生进行诊断，提高诊断的准确率；增加医患沟通时间，改善医患关系。

人工智能虚拟护士的出现能够满足对护士资源的需求。借助大数据和云计算技术，人工智能虚拟护士将患者的生活习惯信息收集起来，对这些信息进行分析并评估患者的健康状况。然后，人工智能虚拟护士通过智能化的手段帮助患者进行康复活动。

6. 人工智能与生态领域的结合

工业革命和技术革新创造了许多能大幅度提升资源利用率的技术，也开放许多新的资源。然而，在农业方面自然资源是有限的，如何通过人工智能技术与生态领域相结合，让农林资源实现可持续发展是现阶段需要解决的重大议题。

人工智能与生态领域的结合主要体现在人工智能技术与农业、林业、畜牧业以及渔业的融合。

人工智能可以通过信息化管理和科学化种植，为农民制定更科学的农事安排。人工智能在农事安排上的典型表现有三种。首先是灌溉除草，利用设备如摄像头等收集农作物的生长状况和气象数据，然后分析数据，自动提醒农民进行灌溉和除草。其次是病虫害预警，使用计算机视觉技术，对收集的农作物图片进行分析，深度学习病虫害特征，进而了解并报告农作物实际生长情况，及时发现并预防病虫害。最后是培育新品种，在实验室和研究中心，研究人员使用机器学习算法培育更优质的农作物基因，开发更多农产品。

由于计算机技术在林业领域中应用时期较晚，因此实现精准林业的信息化目标还存在一些困难。但人工智能技术的不断进步给林业领域的发展带来新的机遇，主要表现为林业专家系统。经过训练和深度学习，林业专家系统能够模拟专家解决问题的方式，而且能够学习不同层次的专家知识，因此在面对比较复杂的问题时，也能够给出比专家更权威的解决方案。

人工智能管理畜禽是指依据安装在农场的摄像装置智能识别畜禽的身体状态，即经过深度学习后，软件可以分析出畜禽的进食状态、情绪状态以及健康状况等一系列数据，将其信息反馈给养殖者，并提出建议。

在减少过度捕捞、维持海洋鱼类的可持续发展上，人工智能的图片识别技术有助于识别人们打捞的鱼类物种信息，将数据反馈给政府部门，以此加强对非法捕捞作业的监督管理，有利于充分了解渔业现状和促进可持续发展。

7. 人工智能与生活领域的结合

人工智能的应用已经深入到了人们日常生活的各个方面。包括智能试衣间、智能视频器械、智能家居系统、地图应用以及智能扫地机器人。人工智能创造的任务IP 技能给人们更多的情感关怀，又能以高科技的形式给人们带来娱乐体验。

## 2.4.2　人工智能时代的伦理风险边界

人工智能阶段就是摩尔界定的"有伦理影响的智能体"阶段，即不论技术的伦理意图，但具有价值与伦理影响的智能体时代。[①] 科学技术与伦理有着紧密而不可分割的关系，两者既相互依存，又相互制约。社会是否应该跨越界线，为人工智能

---

① James H. Moor. *Foru Kinds of Ethical Robots* [J]. Philosophy Now, 2009 (March/April).

赋予生命？人类的未来或将会被这一窘境定义。① 近年来，人工智能的发展突飞猛进，应用领域不断拓展，产生的正面和负面效应也日益显现，特别是人工智能不断突破人的生物极限，其与生物技术的有机结合，超越人类智能是大概率事件，这导致了巨大的不确定性和风险。同时，在这一至关重要的新兴领域，人的思想观念滞后、政策取向不清晰、伦理规制缺失、道德观念淡薄、法律法规不健全，与人工智能的蓬勃发展形成了强烈的反差。

### 1. 人工智能对伦理道德的影响

人工智能对伦理道德的积极影响。一方面，人工智能的广泛应用促使产业结构不断调整，经济发展不断转型升级，劳动生产率空前提升，提供的产品和服务日益丰富。在经济快速发展的背景下，社会积累的财富越来越多，人们的生活更加富裕。生活品质不断改善，社会治理水平不断得以提升。经济和社会的快速发展，人们生活质量的提升，虽然不能与道德进步直接画等号，但为伦理道德的提升、人与社会的自由全面发展奠定了更加坚实的物质基础。另一方面，人工智能是一项前沿性的基础技术，应用前景极其广泛且不可限量。人工智能的应用不仅促进产业结构调整和经济转型升级，为新型伦理道德建设提供良好的前提和基础，而且可以直接应用于与伦理道德相关的领域，为伦理道德建设提供直接支持。

人工智能引发的伦理冲突与选择困境。一方面，以大数据为基础的人工智能对诸如隐私权等基本人权造成了前所未有的威胁，隐私权已经陷入了风雨飘摇的困境。在智能时代，人们的生活正在成为"一切皆被记录的生活"，它可能详尽细致到令人意想不到的程度。由于各种网络应用软件都需要采集个人信息，但其系统安全性能不够强，往往容易产生数据泄露、隐私泄露，令当事人陷入尴尬境地，并常常引发各种纠纷。另一方面，自主无人驾驶，可以说是目前人工智能应用最典型的领域，产生的经济和社会效益十分显著。当人工智能陷入人类伦理困境的极端情形时，人工智能的运行程序是通过算法预先设定的，而既有算法中可能没有类似的设定，所以它只能在数据库中选取相似的案例进行类推。当自主无人驾驶的机器遇到数据库中完全没有出现的情况时，人工智能并不是真的拥有智慧，只能选择随机处理。假如，他随机选择的方式致使驾驶人员、乘客以及路人遭受生命财产的损失，那么应该由谁来承担责任？

---

① ［英］乔治·扎卡达基斯. 人类的终极命运：从旧石器时代到人工智能的未来［M］. 陈朝译，北京：中信出版社，2017：295-299．

人工智能的发展不仅对伦理道德产生影响，还对既有的法律制度和法律观念产生了深刻影响。法律在积极回应科技发展的同时，也需要应对技术革新所带来的潜在风险。人工智能突破传统的时空界限，带给世界一个便捷的交互式发展环境，其对自然的改造也渗透到人类生活的各个方面。人工智能引发了一系列问题，诸如智能机器人的法律身份界定、人工智能创作的著作权争议、数据信息安全及个人隐私权保护等。

人工智能对法律规定产生积极影响。人工智能已经被广泛地应用在法律服务的很多方面，最具代表性的是法律信息系统和法律咨询检索系统。纷繁庞大的法学资料数据库涵盖了各种法律法规、法院判决、立法草案以及学术文献，而这些都是法律人士从事专业服务不可或缺的基础资源。鉴于法律案件争议以及审理的复杂性，目前阶段人工智能还无法完全取代律师的角色，但人工智能的发展对传统法律服务模式的挑战是显而易见的。

人工智能技术应用所需的法律责任。随着大数据和计算机信息技术的推进与发展，人工智能已经逐渐有所突破，谷歌、百度、宝马、奔驰等科技和汽车公司都在探索与研发无人驾驶技术。然而，如果应用无人驾驶技术的智能机器对他人生命财产造成损害，应该如何承担责任？法律应该如何界定智能机器的法律地位与责任？2017 年 7 月国务院颁发的《新一代人工智能发展规划》规定："开展与人工智能应用相关的民事与刑事责任确认、隐私和产权保护、信息安全利用等法律问题研究，建立追溯和问责制度，明确人工智能法律主体以及相关权利、义务和责任等。"因此，人工智能的法律责任界定后续发展，需要法律界与社会界各位专家学者进行研究。

在这种情况下，社会发展需要立足人类本身，对人工智能及其应用后果进行全方位的伦理反思，坚持以人为本的原则，维护人的人格和尊严，防范和化解可能的风险，确立更加合理、更加公正的伦理新秩序。鉴于法律本身更加强调安定性，一旦制定就不宜频繁变动，而人工智能仍处于快速发展阶段，现阶段对于人工智能产业的规制应以政策引导为主，以法律规范为辅。同时，在知识产权保护、信息利用和隐私权保护、技术标准制定方面，也应该未雨绸缪，及早立法。

2. 人工智能时代的伦理需求

2015 年 9 月，由国际期刊《负责任的创新》发起，包括我国学者在内的全球十多位科技政策与科技伦理专家联合在《科学》杂志上发表了一封题为《承认人工智能的阴暗面》的公开信，指出世界上大部分国家都在科技、经济、政府和军事方面大力推进人工智能的研发和应用，即便他们在研发过程中会将人工智能可能带来的风险以及伦理问题考虑在内，但更多的关注点还是人工智能带来的价值，且始终对人工智能的前景表现出非常乐观的态度，因此，专家们在信中建议，在可以完全预测人工智能可能产生的危险并制定出对应的解决方案，以及人足够深入地讨论和确定人工智能是否完全受到人类控制等问题之前，应该合理放缓人工智能研究和应用的步伐。① 这一举动的发生，首次将人工智能的社会伦理问题纳入了现实的社会政策与伦理规范议程.

　　智能拟人化的悖逆性。人工智能的拟人化赋予了人工智能特有的伦理角色。目前，人工智能所呈现的"人的主体性"是对人类动作、语言的简单模仿或是形成人类思维的初步尝试，而不是完全基于有自我意识的能动性行为，故应称之为智能的拟人化。在接触和使用人工智能（特别是拟人化的智能机器人）时依然可以清楚地感知到，它们是似人而又非人存在，可能具备认知行动能力也可能具备沟通交往能力，但离真正的"人"还有相当大的差距，人工智能既可以是实体的存在，也可以是虚拟的存在，既可以模仿人的思维，也可以通过机器实现理性判断。② 也许是出于对弥补这种差距的追求，现今对人工智能的要求和研发正在逐步发展为在思维、行动和沟通等能力上可以部分地和人类相比拟的存在，而可相比拟的这部分不免会表现出某种逆悖性：个人或团体在社会活动中产生的行踪和行为被记录为信息后是否可以共享到公共平台？个人隐私的泄露和盗窃是否构成犯罪？实际生活中的隐私界限是什么？机器人伴侣的存在是否符合伦理道德？如果可以，那么出现一个机器人或智能脑与多个人类产生感情时该如何处理？自动驾驶汽车在面对突发状况时，应该如何进行判断和行动？选择伤害行人保护车主还是以车主的牺牲为代价保障行人的安全？而更加让人担心的是，新型智能武器对人类和地球会造成多大的伤害和破坏。因此，佩德罗·多明戈斯（Pedro Dominguez）提出"重申诸如军事需要原则、相称原则、宽恕民众原则等之类的总则并不困难，难的是如何填补它们与具体行动之间存在鸿沟，士兵的判断就是要填补这道鸿沟的材料，当输入阿西莫夫的机器人学三条定律的机器人运用到实践中时，就很快会看到它产生的麻烦。"除此之外，算法同样存在"善恶"问题，如算法偏差、算法歧视、算法黑箱以及智能机器

① Christelle Didier, Weiwen Duan, Jean-Pierre Dupuy, and David H. Guston, etc. *Acknowledging AI's Dark Side*. Science, 2015, 349 (9).

② 段伟文. 人工智能时代的价值审度与伦理调适 [J]. 中国人民大学学报, 2017, 31 (06)：98-108.

人滥用（利用机器人犯罪）等，这些问题都无疑会对人类的自由、公正乃至生存造成不容小觑的威胁，对人工智能的研究始终无法绕过对伦理问题的探讨。①

人工智能的出现及发展，无疑已经触动或将会触动传统伦理的基准。智能生产方式取代人类工作，人类就业发生结构性变化，一部分低知识水平和低技术水平的劳动者面临被就业市场淘汰的威胁，社会生活更加信息化，无论是人的性格、爱好、工作、娱乐还是社会的经济发展、政治生活等等，所有的一切都仿佛被数据量化，这其中就隐藏着各个方面和各种层面的伦理基准。但人类信息化的发展趋势是必然的，人的需求会从物质转向信息，因此传统的伦理观念将不再适用，而是需要新的伦理原则来适应社会发展的需要。②

3. 人工智能发展的伦理原则

道德和伦理是人类社会中特有的现象，未来随着人工智能道德自主性的提升和科技的进一步发展，人工智能或许将从完全由人类提前设定道德判断到由智能获得完全的道德自主性，美国达特茅斯学院的摩尔（Moor）教授认为达到这一状态的标准是人工智能程序需要具备成年人的平均道德水平。在这一阶段，一方面人工智能将可以完全自主的制定行动策略、自主做出道德选择，但另一方面其行为将很可能不受人类控制，这将给社会秩序与伦理规范带来强烈冲击，甚至出现科幻电影中机器人取代人类或成为奴役人类的高一级存在。为了避免这类糟糕、令人惶恐的局面出现，人们需将人工智能的道德自主性限定在合理的伦理范围内，保持使其行为可被人类掌控或预测，如何赋予人工智能道德判断能力才能符合伦理的要求，是研究和开发人工智能技术所需面临的一个重要且现实的问题。③

人本原则。科技活动是人类的创造性活动，是人类赋予创造活动和产品以价值，因此，科技活动过程中必须坚持以人为中心的"人本原则"。人工智能发展的初衷是为了服务于人类，人工智能的发展，需尽可能地满足人类的愿望和需求，以人类的利益和福祉为目标，协助人类自我提升和完善，而不是放任其自由发展，让人工智能的负面影响危害人类安全，更加不可以以任何形式故意伤害人类。人工智能的发展必须以尊重人和服务人为前提，一切有损人格和伦理，威胁人类自身命运的科技都应该予以禁止。

---

① ［英］乔治·扎卡达基斯. 人类的终极命运——从旧石器时代到人工智能的未来 ［M］. 陈朝译，北京：中信出版社，2017：12-43.
② 王天恩. 论人工智能发展的伦理支持 ［J］. 思想理论教育，2019（04）：9-14.
③ 周程，和鸿鹏. 人工智能带来的伦理与社会挑战 ［J］. 人民论坛，2018（02）：26-28.

公正原则。公正即公平正直，没有偏私，是一种价值判断，也是人们所期待的一视同仁。公正通常意味着对当事人利益的相互认可并予以保障，在公正原则的基础上，人工智能的发展应当以更多人获益为目标，创造的科技成果尽可能让更多的人共享，人人平等，即便是面对智能的使用也应如此，由于信息落差而导致的"数字鸿沟"和"社会极化"需要通过人类的努力来积极消除。

公开透明原则。拒绝"黑箱"，科技的公开透明是确保人工智能在研发、设计和应用的过程中不偏离正确轨道的"防护罩"，鉴于当前的科技发展仍然以不透明的"黑箱操作"为主流，智能产品极可能凭借其意想不到的超级优势造成对社会的危害。因此应该坚持公开透明原则，让科技的发展在政府机关、科学机构、社会组织和公众的监督、监控之下进行，确保现有的智能产品和未来的超级智能不会被用于危害社会安全。

知情与责任原则。人工智能的研发和应用很可能对人的身、心状态造成影响，还可能对人的生活实践产生影响，智能产品最终会应用于人类自身，在研发及应用过程中也会涉及人的合法权益，因此，只有在保障当事人知情权的情况下，才可以付诸行动。另外，也需要确定不同主体的权利、责任和义务，研发者需要秉承责任意识进行智能产品的开发，使用者需要以责任原则约束自身的使用行为，只有这样，才能正确的预防社会安全风险，避免不良后果，及时处理和应对危机的产生。

# 第三章　社会安全风险

社会安全风险是引发社会动荡、破坏社会稳定、造成社会危机的潜在可能。人工智能时代中诱发社会安全风险的潜在因素多种多样，或大或小：也许是一颗原子弹的完工，也许是一把手枪的成功贩卖，也许是某种新型产品的"出世"，也可能是一句随口而出的谎言……自互联网将世界交织于一体，信息和数据成为人们争相追赶的资源开始，社会风险的隐患便复杂得多，技术的本身和难测的人心，二者结合之下，人们不得不郑重地审视科技带来的风险。个人的基本安全保障、生活生产的需求、社会经济的发展、国家的安危与未来等等，人工智能几乎涉及所有领域和各个角落，特定环境下的社会风险也有其不同特征，但总归是受时代背景和科学技术的影响，老子曾言"安危相易，福祸相依"，即便人工智能时代的科技发展给人类带来诸多便利，也要时刻保持风险意识。

## 3.1　社会安全风险：概念界定与特征

从古至今，"风险与安全"向来是人类关注的不变主题，从众多学者对"社会风险"逐步的理论探索，到"风险社会"为大众所知晓，是经历了"9·11恐怖袭击事件""非典"、福岛核泄漏等社会安全事件后付出惨痛代价所得到的"风险意识"。[①] 人工智能时代科技的快速发展，必然也伴随着不确定和不可预测的社会安全威胁，在全球化发展不可逆的趋势下，社会风险也随着其他信息和事物的联系而关

①　何小勇，张艳娥. 风险社会视域下科技理性的悖论与超越 [J]. 科技进步与对策，2009，26（04）：96-99.

联起来，社会安全风险在智能时代体现出与其他时期的不同特征。

### 3.1.1　社会安全风险的界定

"风险"是危机事件或非期待事件发生的可能性，风险一词的由来最早可以追溯到远古时期：靠海而生的渔民每次出海之前都会祈祷平安归来，日积月累，他们发现"风"会给他们带来不可预测的危险，"风"即"危险"，由此"风险"一词开始成为不可预测的危险的代名词。一般认为，风险是以人类为对象，并可被提前感知的威胁，由于客观环境的复杂性和事件诱因的不确定性，会造成事情发展的最终结果与人们的理想目标或预期结果发生偏离。

"安全"涵盖了多种因素的复杂系统，是在人类社会发展过程中，将生态系统与生活环境对人类的生命、财产可能产生的损害控制在最低水平或者基本水平以下的状态，"无危则安，无缺则全"。广义的"社会安全风险"是指面对不特定的人群或大多数人，发生或即将发生的某件事情，会成为某种社会冲突的诱因，使得社会的稳定运行离开原本的安全轨道，导致产生危及社会秩序的可能性。简而言之，社会安全风险意味着爆发社会安全危机的可能性。一旦这种可能成为现实，社会安全风险转变为社会安全危机，将对人类社会造成不可逆转的巨大影响，这种影响通常是极具破坏性的负面影响。

人工智能时代背景下的"社会安全风险"则是对一个国家或区域中，社会治安问题、居民生活安全问题和生产安全问题的综合性表述，即人工智能产业化应用过程中，带来的结构性失业问题、社会伦理道德冲击、人身安全损害和国家安全危机，这些问题都属于社会安全的"地雷"和"险滩"。社会安全风险涉及人们生产、生活的各个环节，与人民群众切身利益紧密相关。社会各要素之间具有关联性、复杂性、敏感性特征，如若社会矛盾不能及时化解、社会安全风险处置不当，而新型科技保持快速发展，这种情况下则极易引发影响社会稳定的重大安全事件，若加之舆论导向脱离可控范围、网络肆意炒作和传播，这些问题则会进一步引起连锁反应，产生辐射作用。

### 3.1.2　智能时代的社会安全风险对人类影响深刻

人工智能作为引领未来的战略性技术，日益成为驱动社会发展的重要引擎，随着人工智能新产品新业态的层出不穷，智能科技的进步给人类带来了前所未有的便利，但同时也让我们产生了前所未有的依赖，比如智能手机、移动网络、支付软件等等，甚至在缺少这些科技时，人类的生活将寸步难行。对科技的高度依赖和新科技的不确定性，会给社会带来一定程度的负向影响和负面后果，① 当人工智能时代与社会安全风险联系起来，新型科技与社会安全发生碰撞，各式各样的潜在风险和已发生危机风起云涌，人们生活在现代社会，就无法对科技风险置之不理，如果说人们以往的风险是由外因导致（源自神和自然），那么，现今面对的风险则来自内在的决策，德国社会学家贝克（Ulrich Beck）认为，现代社会的风险同时依赖于科学和社会的构建。② 人工智能时代的特性决定了在其背景下社会安全风险的特征。

人工智能背景下的社会安全风险具有不确定性和复杂性。不确定性既是复杂性的来源，又是复杂性的表现或结果，不得不承认，科技进步的确大大拓展了人类的已知领域且帮助人类进一步探索了未知领域，但反过来，每一次向更深领域的探寻，从另一层面来说也是再次扩大了未知领域的范围。同时，科技在增强现代社会的复杂性的同时也增加了对社会安全风险进行预期和把握的难度。比如转基因食品技术、大数据与云计算、超级人工智能等现代技术的发明和创造，虽然给人类生活带来了与以往不同的新面貌，但这些新技术给人类可能带来的风险也同样不同，无法预测某一项科技的出现具体会给社会带来什么样的负面影响，没有任何一个领域的专家能对此做出准确的预测。③

人工智能背景下的社会安全风险具有不可感知性和风险增大性。从人类文明诞生之初，人类便开始尝试认识与防范自然风险，由于自然风险的因果关系较为明确，表现方式也更加直白，常常有规律可循从而积累经验，但相对于自然风险，科技带来的社会安全风险则是一个全新的领域，既没有规律可循也没有经验可参考，每一次新科技的出现，都可能伴随着不同的风险产生。科技带来的风险，在传播与影响人类生活的过程中通常是潜在的，在不知不觉中，风险悄然来临，人们却无法直接感知，只能通过科技所作用的事物的变化和反映来判断可能的风险。同时，人类改造世界能力的增强也意味着自身受到伤害的危险增大，④ 在传统的冷兵器时代，刀、剑等武器尽管能对敌人造成伤害，但面对大量的敌军和地势险要的战场时，还是只

① 许志晋，毛宝铭. 论科技风险的产生与治理 [J]. 科学学研究，2006（04）：488-491.
② [德] 乌尔里希·贝克. 风险社会 [M]. 何博闻译，南京：译林出版社，2004：67-190.
③ 马缨. 科技发展与科技风险管理 [J]. 中国科技论坛，2005（01）：34-37.
④ 范芙蓉，秦书生. 科技风险的基本特征及其防范对策 [J]. 理论月刊，2018（08）：175-181.

能一对一的近身战斗，兵器的威力始终有限，但眼观现下，现代科技研制出的原子弹可以使成千上万的生命毁于一旦，一个黑客利用计算机技术，动动手指便可以让一座城市甚至一个国家瞬间瘫痪，科技风险的破坏力已不可同日而语。

人工智能背景下的社会安全风险具有高度的关联性。科技进步与经济、社会的发展息息相关，呈现出相互依存、相互融合、相互促进、协同发展的总趋势。科技的发展、机械的智能化极大地推动了人类的生产与生活，给人类带来了四次翻天覆地的变化，而人类社会的进步，需要科学技术的提升作为支撑。因此，人类生活与科学技术紧密联系在一起，科学技术与生态、经济、文化的密切联系导致了科技风险的高度关联性。科技风险，从根本上也可以称之为社会安全的风险，作为整个社会系统的一部分，科技和人类社会已经悄然融为一体，并相互影响。一旦科技带来的社会安全风险变成实在的危害，就可能对整个社会系统造成伤害，如造成经济危机、社会两极分化、就业问题、国家安全问题等等，甚至使整个人类社会处于崩溃的边缘。因此，科技风险带来的伤害往往不仅是科技所指向的直接对象，而是与之相关联的社会生活，牵一发而动全身。①

现代社会的新型技术不断打破原有科技思维，如雨后春笋般争相出现在人们的视野之中，人类对科技的研发和把控仿佛越来越得心应手，更加完善、成熟的技术也应用到商品之中，走入人类生活。但事实上，人类与科技间的磨合还远远不够，凡事皆有两面性，科技这把"双刃剑"给社会带来进步的同时，也种下了安全与危机的"种子"，防范和控制公共安全风险是人类命运共同体背景下各国人民需要共同重视和努力的目标。

## 3.2　人工智能时代社会安全风险的生发逻辑

从某一层面上来说，人类社会的发展史也可以称之为人类风险的斗争史，因为风险无处不在，② 风险的产生并非像花草树木一样为客观存在的单一个体，而是通常以某种事物或某些社会现象为载体，经过特定媒介的诱发而形成。"福来有由，

---

① 范芙蓉，秦书生. 科技风险的基本特征及其防范对策 [J]. 理论月刊，2018（08）：175-181.
② 黄英君. 公共管理视域下的社会风险管理体系培育：战略、逻辑与分析框架 [J]. 行政论坛，2018，25（03）：104-111.

祸来有渐"，① 智能时代的社会安全风险的产生也存在值得深思的生发逻辑。

### 3.2.1 社会安全风险源头

万事因果相息，社会安全风险的发生也必定存在触发诱因，正是因为有了风险源头的存在，给风险的发生带来了"可乘之机"，无时无刻不在运动着的地球，世世代代都在变迁着的社会，复杂而变幻莫测，当前所处的智能时代，便隐藏着威胁社会安全的风险源头。

第一，大数据与互联网的普及应用，为风险发生提供基础。顾名思义，大数据以量化一切的海量数据为基本特征，数据类型丰富多样，存取速度快、价值密度低但应用价值高，而互联网则成功将全球的信息连接成一张巨大的网，更加方便不同地点、时间、主体的信息交流。大数据和互联网是现代智能科技得以使用的技术基础，缺少大数据及互联网支撑的智能注定不能成为真正的智能，因此一切智能科技产生的"始作俑者"都将包括这二者。另外，大数据和互联网也存在自身的缺陷，海量数据里也会存在大量的无用信息和垃圾信息以及本身就具有潜在风险的隐私信息，互联网的便利性和快捷性也为社会风险的发生"节约"了时间和精力。

第二，智能科技研发"不透明"，人们无法预知真实威胁。首先，人工智能的研发既包括实体产品的研发也包括虚拟产品的制作，不同智能产品的研发人员分散在不同区域进行工作，工作相对独立、分散又缺乏统一管理，这就使得不同的研发团体和研发人员有高度的"自我裁量权"，研发产品也具有隐蔽性；其次，部分人工智能产品的研发环境属于虚拟世界，另一部分真实产品的研发又可能存在"黑箱效应"，因此，对其风险监管的难度也大大增加。

第三，主观赋予"算法"价值观，导致社会安全风险受人所控。人工智能的精确程度和灵活程度很大一部分取决于自身的"算法"，而"算法"又诞生于不同的研发人员或研发团体，在研发和编制过程中，研发者可能将自身的价值取向编入其中，这就可能导致算法的背后，隐藏着种族歧视、性别歧视、宗教歧视等等价值偏差，因此，在之后的智能产品运用过程中，会产生相应的社会安全风险。除此之外，在智能快速发展且不够稳定的时代，各个利益团体为相互争夺市场资源，会在选择、应用数据和算法时更加注重量而忽视质，导致产品在使用过程中出现安全隐患，这

---

① 《三国志·吴书·孙奋传》.

就再次加大了科技风险产生的可能。

第四，技术失控，导致出人意料的社会安全风险。一是具有深度学习能力和适应能力的强人工智能，可能依据数据存量、经验方案做出超乎原有研发预期的举措或决策，甚至，当强人工智能升级为拥有独立意识、具备自我思考能力和创造力的超级人工智能（Artificial Superintelligence）时，将不受人类控制。二是人工智能的算法在操作和运行过程中，受到客观环境因素或操作人员的影响和干预，导致技术失控，形成社会安全危机。

### 3.2.2　社会安全风险产生逻辑

人工智能时代背景下的社会安全危机，除了存在多种风险源以外，还需要有"触发机制"的推力，使得风险真正成为危机。

首先，智能产品自身的技术缺陷成为引发事故的直接推手。在情况紧急的技术操作或是智能产品拥有高度自控自主能力的情境中，若智能产品因为本身的算法失误或其他缺陷出现故障，将直接引发安全事故、财产损失和人员死伤，如机器人"自杀式"爆炸、自动驾驶汽车成为交通事故"主谋"、生产型机器人"罢工"等；或是智能安防识别存在误判和智能决策系统故障，导致不能及时阻止隐私被盗、安全危机的发生，如手机指纹识别的错误判断造成手机失主的财产被盗、家庭门锁的人脸识别出现误判威胁家庭安全、智能交通指令错误引发交通事故等。因此，智能技术达标和产品检验是应对风险的基本保障。

其次，智能产品的错误使用、恶意使用成为风险发生的"便车"。人工智能科技若使用不当或故意恶意使用，将产生不同程度的社会安全危害：一是被用于网络攻击，利用数据获取的便利性，"黑"进账户，对用户的信息、数据的安全产生威胁；二是利用 IP 地址的不易搜索，制造虚假信息，实施诈骗、洗钱、贩毒等违法犯罪活动，破坏社会秩序，危害社会安全；三是利用获得渠道多样性，制造或购买智能武器，制造恐怖袭击，导致社会动荡；四是利用智能分析、数据挖掘、心理预测等技术干预政治宣传和竞选公关，通过向潜在投票人推送有利于参选者的信息来控制民意和民生导向。

最后，人工智能的自我防御不足可能导致潜在安全危机。人工智能在运行时，可能出现某一些特殊情况，即可能遭到无意的破坏或恶意的攻击，进而引发智能系统的自我防御系统，有些智能防御系统的表现可能是封锁自我保护自身安全，但有些智能系统的防御表现可能是毁灭，还有一些防御技术不强的智能系统则会将数据"倾囊相送"：如"逆向攻击"（Reversal attack）可以获取算法系统的内部数据，容易造成有关个人隐私和国家安全的数据泄露，导致个人生命财产受到威胁，社会安全遭到破坏。①

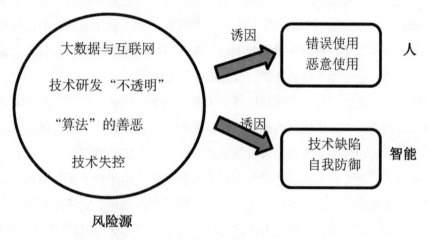

图 3-1　社会安全风险生发逻辑

技术是一把"双刃剑"，用得好可以披荆斩棘，用不好则可能自取灭亡，人工智能技术已经不再仅仅局限于商业用途，对维持社会稳定、保障国家安全、提升风险防控能力都提供了新路径。在人工智能的技术转换和现实应用过程中，由于社会复杂性、技术不确定性和应用的广泛性，存在社会就业、伦理道德、个人隐私甚至国家安全等多种社会安全风险。

## 3.3　产业革命与就业变革

18 世纪 60 年代以英国为首发起了第一次工业革命，蒸汽机的发明让人类从手工生产发展至机器生产；19 世纪中期欧洲国家的资产阶级完成第二次工业革命，人类进入"电气时代"；从 20 世纪四五十年代发起的第三次科技革命以计算机及信息技术为改革中心，人类步入"信息时代"，计算机、互联网、人工智能等新领域、

---

① 唐钧. 人工智能的社会风险应对研究［J］. 教学与研究，2019（04）：89-97.

新产业，对农业、工业、服务业的劳动力素质提出了新要求，"体力劳动"向"脑力劳动"的转化趋势不可逆，劳动力就业市场发生了结构性改变。

### 3.3.1　蒸汽时代与就业变革

19世纪，一声机器的轰鸣，成就了人类历史上一度最为辉煌的"日不落帝国"，"珍妮纺纱机"率领棉纺织业首当其冲，[①] 点燃了第一次工业革命的火引，改良"蒸汽机"应用于工业生产敲开了世界的大门。蒸汽时代的技术变革，不仅极大地提高了社会生产力，也使得劳动力资源的配置发生了变化。

传统的手工业，所有的产品都依赖于人类的双手，因此，即便是加上女人和孩子，劳动力资源的市场供应也远远达不到需求的标准，"机器"的出现并普遍投入生产，让这一局面发生了变化。大机器生产的生产量和生产效率空前提高，商品的供应不再成为问题，而无法再适应生产的手工业慢慢淡出生产主流，商家在机器生产的改革中发现商机，为了更好地统一管理、提高生产效率，资本家们将工人召集到厂房内，分配以简单化、低技术性的工作使之繁复操作。与此同时，"圈地运动"使大量失去土地的农村剩余劳动力转移到工业领域，充足的自由劳动力与迅速扩大的工厂完美结合，以此，资本主义雇佣制度逐渐建立起来，工业资产阶级和工业无产阶级登上历史的舞台。

英国的工业革命标志着有文字记录以来世界历史上最根本的一次人类生活转型，[②] 事实上，将英国推上"神坛"的工业革命，并非依仗今天所说的高技术与大工业，工业革命的开始时期，科学知识与技术能力并未引领工业的发展，甚至两者还为工商业者所排斥，真正让工业市场"活起来"，是实业家和工人对技术含量不高、精细化的分段式工作的可望而不可即。基本技术含量较低，但也是技术上的一次飞跃、是一场撼天动地的变革，如霍布斯鲍姆所言，"那代表了一种新的人际经济关系、一种新的生产体制、一种新的生活节奏、一个新的社会、一个新的历史时代"。雇佣关系使传统就业方式发生变化，农村劳动力转向工业，"农—工"的就业平衡偏向工业，社会阶层结构也产生了根本变化。大机器生产为社会提供出更多样的就业岗位和更丰富的产品，人们的生活质量和生产速度不同以往，仿佛旧时代的

---

① 人民教育出版社历史室.世界近代现代史［M］.北京：人民教育出版社，2002：67.
② （英）霍布斯鲍姆.工业与帝国：英国的现代化历程［M］.梅俊杰译，北京：中央编译出版社，2016.

一切都无法在这个时代帮助人们安度困境,① 曾经主导经济行动的农业，已然不再成为社会发展的引导者。

### 3.3.2 电气时代与就业变革

第一次工业革命将人类推进工业时代，机器的运作代替了传统的手工，与半自动化的人工操作机器完成生产相比，第二工业革命则是通过电力的应用使生产进入自动化阶段。19 世纪七八十年代，发电机和内燃机的相继问世，为社会生产提供了新能源和新机遇。

第二次工业革命中最具标志性的"电力"的使用，促进了以电力为能源的行业快速发展，诸如电车行业、电影行业、电话电报、照明以及远距离送电等等,② 电力工业的崛起也伴随着对电力工作者需求的增长。以煤油和汽油为燃料的内燃机的发明，为交通行业的发展提供了契机，解决了动力问题，内燃汽车、远洋轮船、飞机及其相关的新产业部门随之跟上步伐，这些行业的发展不仅需要直接参与制造的技术工人，还需要参与原料采集、炼制的劳动力以及衍生出的相关服务部门的工作人员，对比第一次工业革命，劳动者选择就业岗位和就业面更加广泛。

生产与技术含量更高的科技相结合，毋庸置疑会带来更加高效高量的生产力，但同时，对劳动力的要求也产生了不同。③ 工人在选择职业的同时，资本家对就业者也有了更加严格的挑选，不论是从智力上还是从心理上。复杂而准确的技术操作是机器设备能自动化且正常运行的保障，因此，雇佣者在选择工人时更加偏好具有与技术相匹配知识的劳动者，同样，在选择工厂经营管理者时，也会偏好有管理经验或学时的劳动者来推动企业生产、规划的科学化和合理化。

简而言之，第二次工业革命给社会面貌带来了巨大变化，从人们的衣食住行到社会经济文化乃至军事国防，都向前跨越了一大步，而就业市场更加丰富多样，新型岗位层出不穷、总体就业岗位增加，同时，市场在不断吸引工业劳动力的基础上有了更加明确的偏好，"具备知识的体力劳动者"成为市场的"香饽饽"。第二次工业革命成为之后的第三次科技革命和第四次智能革命的铺垫，智慧型的脑力劳动者

---

① 任剑涛. 工业革命与不列颠新帝国的兴衰 [J]. 党政研究, 2017 (01)：121-128.

② 人民教育出版社历史室. 世界近代现代史 [M]. 北京：人民教育出版社, 2002：106.

③ 周友光. "第二次工业革命" 浅论 [J]. 武汉大学学报 (社会科学版), 1985 (05)：103-108.

开始在就业市场需求中孕育。

### 3.3.3　信息时代、智能时代与就业变革

20世纪四五十年代，以电子计算机、原子能、空间技术和生物工程为代表的新领域开始了一场信息控制技术的大革命，由于科学理论实现重大突破和第二次世界大战后各国社会发展的迫切需求，推动了第三次科技革命的发生，人类社会开始走入"信息时代"。21世纪，在第三次科技革命的成果之上，以人工智能、机器人技术、量子信息技术、新能源等科技突破为代表的第四次工业革命迅速接轨。"自动化"生产走向"自主化"生产，社会生产的速度、效率达到了前所未有的高度。与前两次工业革命相同的是，每一次的技术革新在给社会带来积极影响的同时，也伴随着就业市场的变动，新型就业岗位随着科技的更新而增加，而部分不合时代需求的劳动力将被淘汰，但不同的是，智能时代给就业市场带来的冲击，不仅是机器与机器、人与人的竞争，还包括了机器与人的竞争。

根据熊彼特提出的"创造性破坏"理论，自动化或计算化提高了劳动生产率，但也降低了劳动力需求。① 人工智能作为公认的第四次工业革命核心驱动力量，② 在商业应用过程中，逐步与传统工业融合并代替了部分简单、重复的工作，随着技术的发展，人工智能不再仅限于代替人类的手足和体力，在一些工作领域甚至可以代替人的大脑，在此情况下，不仅体力劳动力和简单劳动力会受到淘汰，甚至部分知识型从业者也会受到下岗的威胁。《未来简史》的作者尤瓦尔·赫拉利在书中预言"未来二三十年内，有50%的工作可能被人工智能代替"。虽然，在技术制胜论者看来，汽车的出现消灭了马车夫，但同时也创造了大量汽车生产线上的就业岗位，一个直接岗位的消失可能产生千千万万个间接岗位，但是这些所谓的增加岗位并没有在传统生产相关的数字中体现出来，③ 因为他们忽略了一个关键性的问题：农业社会转向工业社会，是体力劳动的平行移动和调整，而工业社会向智能社会的转变却是体力劳动向脑力劳动的升级。④ 从事分拣货物的工作人员，被智能分货机器取代

---

① 刘泽云，邱牧远.上好大学值得吗——对大学质量回报的估计 [J].北京大学教育评论，2017，15（01）：120-139+191.

② 李开复，王咏刚.人工智能 [M].北京：文化发展出版社，2017：188.

③ [美] 约翰·马尔科夫.人工智能简史 [M].郭雪，译.杭州：浙江人民出版社，2017：29.

④ 马长山.人工智能的社会风险及其法律规制 [J].法律科学（西北政法大学学报），2018，36（06）：47-55.

以后，如何去从事比分拣货物更加高级的脑力劳动？他们已有的文化水平和技术能力需要通过怎样的方式提升和提升到什么样的高度才能达到脑力劳动的技术要求？这又需要消耗多少的时间和资源？

现有的科技创造给出的答卷是：软件可以根据大数据的分析和组成直接生成，所需的工作规划和时间安排，机器人完全可以实现甚至更加科学，信息密集型工作机器人毫不费力便可提出多种方案。智能机器对人类工作的取代是不可阻挡的。[①]社会的绝大部分价值会由技术精英、资本拥有者和政治家组成的少数精英团体创造，大部分的普通人很难在现有的经济体系下创造出有分量的价值。[②]如果继续按照这样的情况发展下去，精英拥有智能机器、掌握算法的运行而收获巨大财富，成为特殊的阶层，[③]大多数的普通人的可工作岗位寥寥无几，也无法整体性的升级，也就成了相对的低等阶级，也可以称为没有经济价值的"无用阶级"。[④]人工智能技术发展加速，会让人类社会不适应，导致大规模失业等现象。这样的极化社会无疑是可怕的，一旦拥有高度智能而本身没有意识的算法和机器替代了人类工作，并且更加高效、精确，那么此时，人类还可以做什么？

遗憾的是，虽然"劳力者治于人，而劳心者治人"，即便智能机器能代替人类的生产活动，但其管理规划能力却远远不及人类。道格·梅里特认为，尽管人类在技术上还有很多创新点可以挖掘，未来的技术进步将越来越快，但是社会的变化是渐进的，时间和节奏足够人类来适应。乐观地看，到达人工智能时代"经济奇点"的时候，大多数的人不再需要工作，少部分的精英和他们的人工智能可以生产出极大的物质资料，人类不再需要为了生存而奔波辛苦，可以尽情地享受生活，不再畏惧疾病，可以去地球甚至宇宙的任意地方旅行。[⑤]可以憧憬这样美好的社会，但实现这样的美好还远在不可预测的未来，智能代替人类劳动力是人类不得不面对的过程，结构性就业的转变和调整将成为必然。人工智能替代人类劳动是一个趋势，但是担心人类大规模失业是不必要的，因为完成这个替代过程需要时间。人工智能对就业岗位造成被替代的风险，与劳动者的可替代程度、岗位的程序性、复杂性有关，

---

① 王天一. 人工智能革命——历史、当下与未来 [M]. 北京：北京时代华文书局，2017：86.

② 李智勇. 终极复制——人工智能将如何推动社会巨变 [M]. 北京：机械工业出版社，2016：55.

③ [英] 卡鲁姆·蔡斯. 经济奇点——人工智能时代，我们将如何谋生？[M]. 任小红译，北京：机械工业出版社，2017：143.

④ [以色列] 尤瓦尔·赫拉利. 未来简史 [M]. 林俊宏译，北京：电子工业出版社，2017：155.

⑤ [英] 卡鲁姆·蔡斯. 人工智能革命——超级智能时代的人类命运 [M]. 张尧然译，北京：机械工业出版社，2018：22.

低人力资本的劳动者往往更容易被替代。① 技术变革导致历史上很多职业都消失了，但是也有很多新的职业替代了传统职业。将来人类可能不需要去做简单又费力的工作，而是要做更多创造性的工作。尽管大部分的工作能被人工智能所代替，但人类始终是有存在的价值意义，因为人类拥有智慧和创造力，是短期内人工智能无法比拟的，现在无法预测未来是否会创造出拥有意识和智慧的超级智能，但在智能化的过程中，人类可以思考应该做什么，制造出更多符合智能发展的工作岗位，升级劳动力的知识和技能。

## 3.4　人工智能时代的人身安全

每位公民的人身安全是人类最基本的安全需求，其他的一切需求都建立在人身安全的基础之上。因此，人工智能研发和应用过程中，最需要关注和预防的也是科技产品对人身安全可能产生的危害，这种危害可能是直接的，也可能从间接方面影响居民安全，但无论如何，都不能忽视科技与市场结合的产物在现实世界中对人的影响。

### 3.4.1　技术安全风险：个人安全

相对于服务人类日常生活和办公辅助的传统信息系统而言，无人机、自动驾驶汽车、医疗机器人等人工智能产品和高科技产品的社会作用则是可代替性，这些科技产品可以代替人类自主分析信息并进行决策，也可完成人类不能完成或很难实现的行为操作，因此，其代替性行为在为人类生活和生产提供便利的同时，也具有更大的潜在安全风险，这些风险不仅会产生传统信息系统可能产生的风险，如信息泄露、信息盗窃、影响网络连通性、业务连续性等问题，还可能对公众的人身安全造成威胁，最常见的便是人工智能产品的非正常运作而造成的事故灾害。②

例如，2017 年 4 月，成都双流机场附近空域发生无人机干扰航班飞行事件，先

---

① 岳昌君，张沛康，林涵倩. 就读重点大学对人工智能就业替代压力的缓解作用 [J]. 中国人口科学，2019（2）：2-15+126.

② 中国信息通信研究院安全研究所. 人工智能安全白皮书 [R]. 新华社，2018：14.

后 11 架航班受到影响，无独有偶，2017 年 5 月，昆明市长水国际机场北端同样受到无人机的干扰，导致至少 8 个航班备降；2016 年 5 月，美国佛罗里达州，一辆特斯拉汽车在使用自动驾驶功能时，因无法识别蓝天背景下的白色货车而发生车祸导致驾驶员死亡。同样的事情在国内也曾发生，2016 年 1 月，河北邯郸的一名车主也是在驾驶汽车时开启了自动驾驶模式，并将驾驶权完全交给汽车，因此在路面出现清扫车时没能注意，而导致自动驾驶的汽车在未能识别前方车辆的情况下直接与其相撞，没有采取措施，导致车主当场丧生。

无论是科技产品对公众间接产生的安全风险，还是公众过于依赖尚未完全成熟的人工智能而造成的直接危害，众多现已发生的事故和可以预估发生的事故，都显示出高度自主的智能系统可能对人类安全带来危害。

### 3.4.2 安全风险：犯罪行为

作为影响面极广的颠覆性科技，人工智能爆发式发展可能导致一定范围的大量失业和就业结构的规模性调整，也可能导致公众个人隐私泄露或商家通过个人数据分析选择性提供服务的间接歧视现象，还可能导致社会贫富差距的加大，加剧极化现象，而这些问题无疑会对社会的和谐稳定、经济的安全运作和政府的公共管理产生直接影响，也会间接对居民的个人安全带来危害。

"就业结构的变化、社会歧视现象的增多、贫富差距的进一步扩大，任意一点的轻微变动都可能引发新一轮的犯罪潮，促使犯罪率升高"，[①] 由于失业、歧视、贫富分化等社会现象都属于导致犯罪的社会因素范畴，共同指向社会不公，不公平现象出现的增加，公民的社会公平感知度就会随之降低，人工智能对社会公平的消极影响极可能会导致宏观层面上犯罪率的上升。利用计算机盗窃他人信息和财产；通过互联网进行讹诈；网上洗钱、走私、进行非法交易；利用虚拟世界的难以追踪性提供色情服务和虚假广告；发展邪教组织等等，[②] 网络犯罪的增加，也就意味着公众的人身安全将再一次受到威胁。

人工智能等高新技术不断发展的时代，风险与担忧也在悄然滋生。人们最感到忧心忡忡的问题是当人工智能发展到一定程度时，可能形成属于自己的意识而选择

---

① 孙笛. 人工智能时代的犯罪风险分析 [J]. 中国人民公安大学学报（社会科学版），2018，34（04）：11-16.

② 于志刚，李源粒. 大数据时代数据犯罪的制裁思路 [J]. 中国社会科学，2014（10）：100-120+207.

伤害自己，更甚至是做出伤害人类的行为。例如有学者就曾预言："在人工智能时代，人类将失去神圣的地位，成为机器人所圈养的动物，并可能被机器人随意屠宰。"曾经有发生过机器人自伤或者伤人的事件。例如，2013 年 11 月 12 日奥地利发生一起清洁机器人突然"自杀"的事件，"自杀"的机器人是一台 Roomba 清洁机器人，"自杀"的原因被推断为因无法忍受繁重的家务，结果该机器人的自杀进而导致主人的房屋被完全烧毁，这引起了相当大的舆论风暴。2016 年 11 月 18 日，网络盛传在深圳高交会上，发生了"我国首例机器人伤人"的机器人自残事件，名叫"小胖"的机器人因突发故障而产生了"杀伤力"，在没有指令的情况下，打砸展台玻璃、砸伤了路人。

那么，机器人犯罪后，是否能像人类一样遭受刑罚处罚，还是选择将其全部销毁？是否有信心可以构建一个可控的共处世界？更大的风险在于，超级智能是否可能通过自我学习和自主创新，突破设计者预先设定的临界点而走向失控，反过来控制和统治人类？如果不能，应该以何种方式对待"犯了罪"的机器人？法律能否能够应对这些复杂的人工智能犯罪问题，还有待于未来的进一步探讨和研究。甚至还有说法认为，上述的说法过于超前，过于耸人听闻。但即使超级智能本身没有不良的动机和错误的价值观，使某一个组织或者个人研发、掌握了类似的超级智能，滥用技术，以实现自己的不可告人的目的，后果也将是灾难性的。过去，由于基于大数据发展人工智能的高新技术比较稚嫩，处在萌芽阶段，人们一直沉浸在乐观、祥和的氛围中，对潜在的威胁不以为意。然而，随着人工智能的突飞猛进，特别是在自主学习和创造性思维学习方面可能超越人类，这一威胁正清晰地摆在世人面前。

## 3.5　人工智能时代的国家安全

心理学家亚伯拉罕·马斯洛（Abraham Maslow）于 1943 年在《人类激励理论》中曾提出需求层次理论，他认为"安全需求"是仅次于人类生理需求的基本需求，人们都希望能在一个安全、稳定、和谐的社会环境之中工作和生活，国家安全是国家生存和发展的基础，[①] 也是个人安全的前提和保障，一个国家的动荡势必影响到

---

① 闪淳昌，周玲，沈华. 我国国家安全战略管理体系建设的几点思考 [J]. 中国行政管理，2015（09）：37-43.

个人的安全。纯粹的政治运动实际是不发达社会的表现，在现代社会中，政治本该由科学技术加以解决，才能应对高度工业化的现代社会。这意味着"科学和技能的统治"。① 在高度网络化、数据化的新时代，国家安全战略不仅对物理层面的人身财产安全有要求，也需要保障数字层面和科技层面的个人安全，更需要从整体上保证国家自身的安全。

大数据、云计算和人工智能的出现，在一定程度上给国家安全带来了潜在风险，既存在间接的威胁，也存在直接的危害。

首先，人工智能技术的使用可以影响公众的政治意识形态，间接威胁国家安全，例如，2018 年剑桥分析公司曾陷入 Facebook 数据泄露丑闻，一度被多家媒体报道其利用本公司所掌握的数据参与了 2016 年美国大选，通过采用以人工智能技术为支撑的广告定向算法、行为分析算法以及以数据挖掘、分析技术为支撑的心理分析预测模型，来辅助进行"竞选战略"，帮助政客了解并确定不同选民在不同问题的不同立场，指导参选者在竞选广告中使用符合选民需求和期待的语言语调等。美国伊隆大学（Elon University）数据科学家奥尔布莱特曾指出，通过行为追踪和识别技术采集海量数据，有效识别出潜在的投票人并进行虚假新闻的点对点的推送，可有效地影响美国大选结果。

其次，人工智能若用于构建新型军事武器，扩充军事力量，则可直接威胁国家安全。智能武器的应用会使未来的战争方式超乎想象：远程操控、精准打击、智能预案等等，战争武器的多元化也代表着战争伤害的扩大，目前，全球大部分国家都将人工智能作为影响未来世界格局的重要节点，纷纷从战略、组织架构、应用等角度加大人工智能在军事领域的投入，引发了全球新一轮的军备竞赛。例如，美国国防部明确提出要将人工智能作为第三次"抵消战略"的重要技术支柱，据统计，美军已有各类无人机 1.13 万架以上，各种地面机器人 1.5 万个，预计到 2040 年美军将有一半以上的成员是机器人。② 另外，随着人工智能的普及化，智能产品价格将会下跌，获取渠道更多，也为不法分子使用智能武器危害社会创造了更多机会，例如，2018 年 8 月，委内瑞拉总统在公开活动中受到无人机炸弹袭击，这是全球首例利用人工智能产品进行的恐怖活动。从某种层面来看，军事与科学技术可以相辅相成，由于战争不免需要高标准的科学技术，因而战争对促进和带动技术的作用不容

---

① Howard Scott, *History and purpose of Technocracy*, Technocracy INC Ferndale, 1984, p. 22.
② 丁宁，张兵. 世界主要军事强国的智能化武器装备发展 [J]. 军事文摘，2019 (01)：24-27.

小觑，同样，科技的进步又会第一时间服务并应用于军事。

也许未来人工智能技术成熟之时，"战争机器"将会代替人类到第一战场，在一定程度上减少士兵的伤亡，但这并不能降低战争的残忍程度和对无辜百姓的伤害，高精密武器介入战场可能使国家或地区之间的摩擦变得更为频繁、引起战争的门槛变得更低，① 而且人工智能本身的特殊性加之战争属性后，其杀伤力和破坏程度难以想象，也许一个简单的指令，就能在短时间内对平民造成大规模且毁灭性伤害，导致的后果将不堪设想。

整体而言，人工智能带来的国家安全风险主要是由于其人工智能技术的尚不成熟性以及技术恶意应用导致，人工智能安全风险尽管存在于数字网络和现实社会的多个领域，但部分安全问题还处于前瞻性与苗头性阶段，没有真正渗入产业生态环节。随着人工智能技术呈现高速发展趋势，未来必将进一步同传统行业进行深度融合，其安全风险也会随之动态演进，将越发具有泛在化、场景化、融合化等特点，对人类生产生活、国家政治经济等方方面面产生深远安全影响。

## 3.6　社会安全风险控制面临的挑战

风险社会背景下各类潜在威胁"暗潮涌动"、媒体舆论成为"战火"的"引线"，科技引发的社会安全风险成为人类社会必须面对的挑战：后常规科学一跃而起挑战传统科学理念、智能化机器人诱发伦理之争、多种科技价值观形成交叉冲突等，无一例外地提升了科技风险决策的难度与风险。

### 3.6.1　后常规科技冲击风险管理

20 世纪中期至今，科学技术的迅猛发展超出所有人的意料，倘若在 50 年前，谁又能想到人们只需要在一个机器方块上动动手指就能品尝到千里之外的美食，如今的世界，科学活动呈现出新形式，商业企业出现新业态。科学与政治、经济、文化逐渐交融、结合，科学知识的研发与应用已然延伸至科学领域之外的其他领域，

---

① 马治国，徐济宽. 人工智能发展的潜在风险及法律防控监管 [J]. 北京工业大学学报（社会科学版），2018，18（06）：65-71.

影响到社会的各个方面，涉及的个人与社会团体、利益集体也更加广泛，然而，面对科技不确定性增强、潜在风险增多、多种价值观互相冲击等诸多复杂因素，使得科学研发不得不更加关注现代技术发展所面临的各种问题和风险。

由于科学技术开始涉及与人类生活紧密联系的各个方面，人们对多元价值和社会伦理的判断，使得原来的常规科学逐渐被社会潮流淘汰，取而代之的是后常规科学（postnormal science）。它不同于库恩在《科学革命的结构》中提出的传统常规科学，即科学是一种循规蹈矩的"解难题"作业，[①] 而是重点强调科学本身的不确定性和可能带来的风险，认为现代科技具有高度争议性，且现代科技风险控制是在全球化的复杂背景下处理难以预测的风险，在多种社会价值观和人伦道德的驱动下进行规划和抉择。随着全球竞争日益激烈，而科技创新在全球化竞争中的地位举足轻重，同时科技决策时间紧迫，无法等到科技造成的社会安全风险消除再进行决策。因此，不可避免地会出现基于对未来未知事物的决策，然而，一旦决策出现偏差将会导致不可逆转的严重后果，这可能使得社会付出更大成本与代价。[②] 在无法预期与完全掌控社会安全风险且科技决策时间紧迫与多元价值冲突的情况下，想要绝对地管理和控制风险，必然面临潜在且不小的政治压力与决策后果。

### 3.6.2　信任危机引起公众焦虑

科技发展驱动在社会进步的同时，也对生态、环境、人类社会造成负面影响，甚至产生威胁，由此，社会开始更加关注科技的安全风险。相比早期源于自然界的外部风险，科技风险更具特殊性，吉登斯（Anthony Giddens）认为，这是"由知识的不确定性以及相关不可预测性带来的风险，是一种人造风险，并且是一种高后果风险"。科技风险氛围从极力推崇到理性思考的转变使得公众对于新型科技及科技的未来开始畏惧，这种畏惧表现于个人是产生存在性焦虑，而在社会层面则是出现对政府、企业乃至他人的信任危机，公众感到自身的隐私遭到泄露、安全受到威胁，随之产生焦虑。史蒂芬·布雷耶（Stephen Breyer）指出："公众对特定风险的恐惧，要高于对其他具有同等伤害概率风险的恐惧。面对两个等级相同的风险时，公众可能会更惧怕或厌恶那些非自愿遭受的、新的、难以察觉、不可控制、灾难性、延迟

---

① 于爽. 库恩与"后常规科学"[J]. 哲学研究，2012（12）：79-85+124.
② 欧阳君君. 后常规科学时代公共决策模式的转变 [J]. 福建行政学院学报，2013（03）：24-29.

性、会危及未来或伴有痛苦或恐怖的风险。"①

公众存在性焦虑和恐惧的持续发展，最终则会导致社会层面信任危机的爆发。一个又一个的未来猜测被告知于群众，一件又一件的科技事故被暴露于公众，如"智能机器人将在未来替代人类成为这个蓝色星球的主角"和"Facebook 用户数据泄露"等，公众对"科学是社会进步'接生婆'的信任正在质疑且逐步瓦解，并被智能时代来临以及生物科技发展带来的不安全感所放逐"。② 公众之间日益加重的疏离感、陌生感，以及未来社会情境的难以把控，使得公众更多地将希望寄予公共社会组织，比如国家、社会和企业，而不是以小群体或个人力量去应对这些区别于传统的现代技术安全风险。③ 但同时，公众对公共社会组织的风险治理和防控能力也存在质疑和不信任，公共组织及专家所提出的科技风险"可接受水平""平均水平"已经变成一种"有组织的不负责任"。④ 因此，公众个体层面的存在性焦虑与社会层面的信任危机构成科技风险管控的心理抵触因素，使对科技安全的管理和控制变得更具有挑战性。

### 3.6.3　新媒体发展形成风险放大效应

随着现代网络、数字技术以及现代通信技术等新技术的裂变式发展，成本更低、开放性更强的新媒体成为舆论传播的重要平台，新媒体的兴起使公众的表达权与参与度得到了极大的提升，为公众提供了更多的机会参与新闻发现和舆论表达，极大地改变了舆论存储、舆论表达和舆论引导的方式，使得人们对科技风险的关注度有了前所未有的提升，拥有强大现代传播技术的新媒体平台，既可以增强公众对科技风险的认知，参与控制风险的沟通，同时，也可能成为已有风险的"推手"和新风险的源头。

首先，新媒体的出现和普及给舆论格局带来了巨大的新变化，打破了主流信息由政府、专家和传统媒体垄断的局面，每个人都有机会可以平等地表达自己的观点，也就包括可以对专家提出质疑，"网络舆论以其话题多元性、互动便捷性、对话平

---

① ［美］史蒂芬·布雷耶. 打破恶性循环：政府如何有效规制风险 ［M］. 北京：法律出版社，2009：17.

② BECK U. *The risk society. towards a new modernity* ［M］. London：Sage，1992：20.

③ ［美］乌尔里希·贝克. 从工业社会到风险社会（上篇）——关于人类生存、社会结构和生态启蒙等问题的思考 ［J］. 王武龙译. 马克思主义与现实，2003（3）：26-28.

④ 刘金平. 理解·沟通·控制：公众的风险认知 ［M］. 北京：科学出版社，2011：71.

等性、聚集民意快速性、传播影响力大等特征，已成为中国社会生活的重要语境"。① 其次，新媒体在很大程度上建构了公众对科技风险的感知，民间舆论的影响力明显增强，② 风险社会学家卡斯帕森（Roger E. Kasperson）提出，风险是客观与主观的统一，一部分是人们受到的客观威胁，另一部分是文化和社会经验共同作用的结果。③ 如日本福岛核泄漏却引发中国多地开始争相抢盐；2011 年江苏省"响水化工厂爆炸"闹剧引发万人逃命；朋友圈、公众号各式各样的谣言层出不穷导致用户盲目跟风等，这些事件的出现，共同特点便是新媒体和网络在舆论发酵中起到了巨大的推动作用，在一定程度上是新媒体对科技风险主观性建构的结果。最后，由于信息传播的渠道多样化、高速化，使科技风险信息可以被快速、广泛地传播与扩散，不良的信息在经过公众讨论、反馈、传播与影响后，最终会形成风险的社会强化，并引起风险的社会放大。④

因此，新媒体的发展导致传统大众媒体下的单一的专家决策模型不再适用，并能够在很大程度上影响公众对技术风险的感知。"公众对威胁的讨论与解释在一定程度上依赖于媒体，因此它可以被操纵，有时表现出歇斯底里"，⑤ 这就可能导致社会风险形成放大效应，造成科技风险的"污名化"，这些风险沟通上的异化也可能给决策者带来意想不到的惊慌或者一定程度的社会恐惧，使科技风险决策者感到措手不及或者无从下手。

### 3.6.4　组织逐利行为导致风险失衡

知识是人类提高自我从而推动社会发展的根本，由于依赖于知识的生产活动逐渐涉及拥有不同关系的个体和组织，⑥ 不仅在理论和模型上，在方法和技术上也逐步向学术界以外的其他领域扩散，通过知识外溢或者知识衍生为其他领域的利益集

---

① 习近平. 习近平谈治国理政 ［M］. 北京：外文出版社，2014 年.
② 李宗建，程竹汝. 新媒体时代舆论引导的挑战与对策 ［J］. 上海行政学院学报，2016，17（05）：76-85.
③ Roger E. Kasperson. *The social amplification of risk，progress in developing and integrative framework of risk* ［J］. Journal of Social Philosophy，1992：53-178.
④ 孙壮珍. 科技风险决策面临的时代挑战与制度回应 ［J］. 科技进步与对策，2018，35（09）：108-112.
⑤ ［英］安东尼·吉登斯，［德］乌尔里希·贝克，［英］斯科特·拉什. 自反性现代化现代：社会秩序中的政治、传统与美学 ［M］. 赵文书译，北京：商务印书馆，2001：39.
⑥ ［英］迈克尔·吉本斯，等. 知识生产的新模式：当代社会科学与研究的动力学 ［M］. 陈洪捷，沈文钦等译，北京：北京大学出版社，2011：5，15，31，7.

团谋取利益，依赖于知识的生产活动呈现出扩散式趋势。由于知识生产的应用领域日益增多，让智能、科技与产业之间形成了紧密连接的"桥梁"，不同产业的各个主体开始对其中涉及的自我利益变得异常敏感，另外须引起注意的是，在科技风险控制中本应该提供客观中立评判和建议的纯粹科学家开始出现"异化"，在知识与权力、资本结合中，也透漏出"经济人"属性，成为利益相关者。

随着"科技、知识与经济一体化"程度日益加深，科技不再单纯地是为了满足证明国力的强盛，而逐渐呈现出利益化、政治化倾向。① 由于科学技术的应用会扩展或影响到科技研究本身之外的现实社会，则无法避免会受一些不可控因素影响，形成社会安全风险，造成某些损害甚至无法逆转，与此同时，公众对科技风险控制的聚焦度与关注度也随着隐私安全、超级智能等科技风险的提出大幅度提升，基于此，公众会对商业化或具有高度不确定性的新科技变得十分敏感。

由于不断增加的不同利益集团意识到科技发展可能会对公共利益造成一定影响，因此，他们会要求在政策议程或计划方案以及决策过程中有他们的代表，以确保自身的利益，这使得科技风险管控中的利益关系变得更为复杂，利益集团之间的博弈也更为明显和激烈。所以，风险管控者需要权衡与取舍涉及的各种利益，并不断进行判断、评估，综合考虑不同分歧性和不同建议，在预防潜在风险、解决现有危机和考虑不同集团利益之间建立一种平衡，这必然会导致科技风险管控的滞缓与抉择权衡的困难。

于人类而言，人工智能时代既是机遇也是挑战，把握好机遇便是人类发展的一次历史性飞跃，而直面并妥善地管控风险带来的挑战，则是稳步前行的保障。智能时代下的社会安全风险系统是一个庞大而复杂的系统工程，各式各样的风险挑战或可以直观可见、或只能凭借感受和预测发现，只有正确地预测未来可能产生的社会风险，正确地处理现下社会已经存在的社会风险和有意识地在科技研发中避免和削弱社会风险可能产生的因素，人类在智能时代和科技的共存才能达到较为理想状态。

---

① 孙壮珍. 科技风险决策面临的时代挑战与制度回应 [J]. 科技进步与对策，2018，35（09）：108-112.

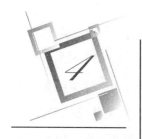

# 第四章　网络安全风险

相对于传统的军事安全、经济安全以及国家安全来说，网络安全威胁已经成为21世纪以来人类研究范畴内日益凸显的问题。伴随着人工智能技术与大数据的应用，人为恶意应用网络技术将给人类生活带来一系列的网络安全风险，比如：黑客攻击导致企业信息泄露，给企业正常运行带来极大威胁。2017年10月18日，中国共产党第十九次全国代表大会提出，要加强互联网内容建设，建立网络综合治理体系，营造清朗的网络空间。因此，防范网络安全风险是推进社会稳定建设的重要议题，网络安全需要政府、企业与公众共同协作。

## 4.1　网络安全风险：概念厘定及结构化特征

随着大数据、云计算、移动互联网、物联网的不断发展，网络的边界越来越模糊，安全形势也越来越复杂化，虚拟空间和实体空间结合得越来越紧密，网络安全的范畴发生了很大的变化。从广义上讲，网络安全可以称之为网络空间安全，主要是指包括涉及互联网、电信网、广电网、物联网、计算机系统、通信系统、工业控制系统等在内的所有系统相关的设备安全、数据安全、行为安全及内容安全。而人工智能作为战略性与变革性信息技术，给网络空间安全增加了新的不确定性。因此，从狭义角度来看，人工智能网络安全风险涉及网络设施和学习框架的漏洞、后门安全问题以及人工智能技术恶意应用导致的系统网络安全风险。

### 4.1.1　网络安全风险的定义

网络安全风险包括学习框架安全与网络设施的漏洞，以及人为恶意应用人工智能带来的系统安全问题。目前，国内人工智能产品和应用的研发主要是基于谷歌、微软、亚马逊、脸书、百度等科技巨头发布的人工智能学习框架和组件。但是，由于这些开源框架和组件缺乏严格的测试管理和安全认证，可能存在漏洞和后门等安全风险，一旦被攻击者恶意利用，可危及人工智能产品和应用的完整性和可用性，甚至有可能导致重大财产损失和恶劣社会影响。

人工智能技术可提升网络攻击能力，对现有网络安全防护体系构成威胁与挑战。过去恶意软件的创建在很大程度上由网络犯罪分子人工完成，通过手动编写脚本以组成计算机病毒和木马，并利用 rootkit、密码抓取器和其他工具帮助分发和执行。但人工智能技术可使这些流程自动化，通过插入一部分对抗性样本，绕过安全产品的检测，甚至根据安全产品的检测逻辑，实现恶意软件自动化地在每次迭代中自发更改代码和签名形式，在自动修改代码逃避反病毒产品检测的同时，保证其功能不受影响。

网络攻击的方式主要有非授权访问、拒绝服务攻击以及网络病毒传播等。非授权访问，没有经过计算机主人的认可，就擅自使用其网络资源和计算机。主要包括故意避开系统访问权限、非正常使用计算机、扩大使用权限以及越权访问。主要形式有假冒、身份攻击、非法用户进入网络系统进行违法操作，以及合法用户以未授权方式进行操作等。拒绝服务攻击，即通过对网络服务系统的不断干扰，改变其正常的作业流程或执行无关程序，导致系统响应迟缓，影响合法用户的正常使用，甚至使合法用户遭到排斥，不能得到相应的服务。网络病毒传播，即通过信息网络传播计算机病毒。针对虚拟化技术的安全漏洞攻击，黑客可利用虚拟机管理系统自身的漏洞，入侵到宿主机或同一个宿主机上的其他虚拟机。①

---

① 张尼，张云勇，胡坤，刘明辉，宫雪. 大数据安全技术与应用［M］. 北京：人民邮电出版社，2014：6-63.

### 4.1.2 网络安全风险的特征

（1）互联性

由于全世界都在使用同一个系统的计算机硬件和物理设施还有软件，并且互联网使各种事务之间联系日趋紧密，人类生活方方面面都与互联网相连接。因此当互联网受到攻击时，人类经济、政治生活可能存在网络安全的风险，尤其是人工智能这一技术与互联网相结合时，网络安全的风险将进一步扩大。

（2）系统性

由于互联网的相互链接具有互联性，这种互联性将把网络上各种攻击活动和破坏活动相连接，从而引发一系列的相互作用。世界经济论坛曾经在报告中指出，事物之间的相互依赖会导致出现新的漏洞引发意想不到的故障。[1] 当系统遭遇到难以承受的破坏力时，其各项功能会急剧减退。

（3）脆弱性

一方面，众所周知，计算机网络系统总是存在一些安全漏洞，例如防火墙拒绝服务。另一方面，人工智能技术主要是由众多科技巨头研发产生，但是这些软件系统缺乏相关权威安全机制，所以这些网络系统的脆弱性导致被网络攻击的可能性大大增加了。

（4）破坏程度大

过去的网络攻击的方式，是人工手动输入代码进行攻击网络系统漏洞，由于人力行为持续时间较短，所以，事后恢复能力较强。然而，相比传统网络攻击，当今人工智能技术具有强大自我学习能力，可以利用自我学习能力以前所未有的规模自主攻击脆弱系统。并且通过人工智能技术构建的网络和集群内部能相互通信和交流，并根据共享的本地情报采取行动。被感染设备也将变得更加智能，无须等待网络控制者发出指令就能自主执行命令，同时自动攻击多个目标，并能大大阻碍被攻击目标自身缓解与响应措施的执行。对于依靠人工智能技术和网络系统，而进行贸易和生活的产业而言，其网络防御能力往往低于网络攻击能力。这在本质上标志着智能设备可以被控制对脆弱系统进行规模化、智能化的主动攻击。

---

[1] 陈滔. 企业风险管理：理论与方法 [M]. 北京：科学出版社，2015：13-154.

（5）复杂性

人工智能技术具有自主学习能力，当其被应用于网络攻击上会自动学习网络攻击的编程代码。人工智能应用这些代码植入网络产品、网络系统在设计、实现以及配置过程中，其利用度越高，给网络攻击者提供攻击方式越多，造成网络安全风险越大。由于网络将实物之间联系变得更加普遍，因此，各种网络业务系统应用之间沟通与共享数据程度越高，某一网络业务系统产品的安全牵连到多个甚至一系列系统功能的安全。

（6）薄弱性

一方面，因为人工智能技术与信息网络系统具有高度技术性和专业性，为了维护其系统安全和进行安全管理，必须拥有满足人工智能技术领域和管理领域的复合型人才。然而由于人工智能发展阶段较短，对于其开发和应用程度较低，因此，其专业人才数量远远不能满足市场的需求。另一方面，由于很多企业对于网络安全的意识并不清晰，或者缺乏企业领导的支持，现有的网络市场的管理职责通常是由缺乏管理知识技能的技术人员来担当。因此，缺乏管理经验的专业人员，在面对网络安全事件时，不能准确及时地应对突发情况，而加大网络安全风险的产生。甚至，某些企业根本没有相应网络系统的网络安全计划、安全部门、网络安全机制以及网络安全策略。

### 4.1.3　网络安全风险的表现方式

（1）计算机硬件网络安全风险

使用计算机物理设备时期可能存在的安全风险，是网络安全风险中非常重要的类型之一。计算机硬件的安全风险主要包括两个方面。一方面，自然灾害如：泥石流、地震、火灾等非人为因素导致的计算机硬件的损失。另一方面，能源供电的故障造成系统断电，人为因素如偷盗、操作失误、操作失败引发的数据丢失或泄露。由于计算机内存容量较大，其保存成本远远低于纸质保存成本，计算机常被人们用来储存数据。然而，废弃磁盘等计算机设备的随意丢弃存在数据泄露的较大风险，随着人工智能技术和网络技术的迅猛发展，存在较大可能使删除的数据复原。因此，某些机密数据必须经过安全的处理才能丢弃。

（2）传输路线安全风险

网络上非法人员可以通过在网络传输路线和通信路线上应用人工智能计算机程

序，自动学习如何窃取和破坏数据，从而达到数据泄露和从事非法活动。

（3）操作系统安全风险

操作系统是网络系统最重要的组成部分，其功能和性能强烈影响网络系统的稳定。由于网络安全系统的脆弱性，操作系统总是存在安全漏洞，但某些安全漏洞是由开发人员有意设置的，为了能在用户失去系统访问所有权时，他们仍能进入系统。

（4）应用系统安全风险

应用系统是所有用户进行网络沟通、贸易以及生活的必备系统和服务。由于涉及的用户较多，牵连范围较广，应用系统对网络安全的需求较高。但其安全程度也受到开发人员的威胁。

（5）管理系统安全风险

即使人工智能技术具备智能的外在特征，但人工智能在网络系统的安全应用仍离不开管理人员的作用。管理系统的安全风险应当从根源上杜绝人为错误，对相关人员进行网络技能的专业培训，主要是安全意识和安全技能的培训。

（6）网络攻击风险

由于互联网的兴起，拉近人与人，物与物之间的距离，方便人类的交流与生活，同时网络的存在也为犯罪分子提供了"温床"。网络攻击者可以通过电子窃听、非授权访问、拒绝服务攻击以及病毒传播等手段获取非法的利益。例如，攻击者可以通过网络监听等先进手段获得内部网络用户的用户名、口令等信息，进而假冒内部合法用户进行非法登录，窃取内部网络的重要信息。互联网已经成为信息沟通交流最重要的手段之一，然而其信息的开放性和共享性很容易被不法分子利用，给网络安全造成重大的威胁。并且由于网络安全风险的互联性和脆弱性，计算机学习组件、硬件系统以及软件操作中存在的安全漏洞，也为不法分子进行网络攻击提供可乘之机。

在过去，传统的网络攻击只包括简单破解口令和寻找安全漏洞等方式。然而，至今，随着人工智能技术的发展，网络攻击技术可以通过深度学习，模拟人脑自主学习网络攻击方式，深度挖掘计算机弱点，攻击操作系统。网络攻击方式也因此受到政府、企业以及公众的关注，但网络攻击技术发展十分迅速，人工智能技术的应用使得网络攻击变得更加容易，使得网络安全风险进一步扩大。

网络安全是相对的，不安全是绝对的。虽然网络风险的防范并不能完全杜绝网络风险的发生，但降低网络安全风险依然是非常必要的。实际上，各级组织都应该具备网络安全风险的防范化解意识，并且深入了解人工智能技术和计算机的发展历程，提前制定相应的安全防范规定。

## 4.2　网络安全风险的生发逻辑

根据复杂网络理论，在自然界和人类社会中，无论是否愿意，由于个体存在环境当中即被环境包围，个体或多或少被环境所影响，并不停影响环境。[①] 人与人之间，计算机网络连接之间，人类与网络之间都具有一定相互关系。而现今，人工智能技术的发展使得网络攻击与攻击方式层出不穷，这将网络安全与人们的经济生活、政治生活以及个人生活相连接，并且影响整个社会的稳定。比如仅 2018 年初到 9 月中旬，勒索病毒总计对 200 万台终端发起过攻击，其中打击面最广的是相关组织。随着数字化转型的发展，各种形式的组织正在将有形资产与数字融合在一起，这使得组织受到的攻击率呈指数级增长，面临更大的网络安全风险。

### 4.2.1　网络安全风险带来的影响

虽然网络攻击方式和技术手段在不断更新换代，但是网络安全恢复能力仍然很强。然而背后还存在一个危险因素，网络防御往往比网络攻击要难得多，网络攻击的优势超过网络防御，这意味着互联网带来的风险将会越来越大。

随着人工智能、计算机以及大数据的迅速发展，高新技术将人类生活相互联结成一张一张网络，形成了"物联网"与"互联网"。网络的各种讯息渗透到公众的经济、政治以及个人生活当中，不仅给公众提供了扩展知识的渠道，也带来了某种破坏性更大的攻击方式，即网络攻击。由于加入互联网的人群越多，其人员的复杂性，以及涉及领域越宽泛，人员之间、专业领域之间以及人员与专业领域之间交际越频繁，使得潜伏在其背后的负面作用也因此越发难以预测。

自然与物理环境的存在引发网络安全风险可能性也较大，尤其当发生自然灾害时，将会加剧其负面影响。比如：一旦圣安德烈亚斯断层地带发生地震，将给硅谷这个全球技术中心带来毁灭性打击；一次太阳超级风暴就能切断全国的高压输电线

---

① 郭世泽，陆哲明. 复杂网络基础理论 [M]. 北京：科学出版社，2012：09-10.

网，干扰卫星、航空电子设备，或者扰乱全球导航卫星系统发出的信号；地球外部轨道上不断增加的"太空垃圾"更是全球导航卫星系统的一大威胁。而现如今，卫星导航系统是维护生产和国家安全的重要设备，其中有线通信设备、无线通信网络、自动取款机等设备都依靠卫星导航系统运行。如果由于太阳风暴导致卫星导航系统遭到破坏，那么这些设备也将受到阻断，将引发一系列全球危机。虽然某些企业与政府采取了应急措施，但这些手段仍然离不开网络的支持。因为现阶段是大数据时代，原来依靠纸质书本传播信息和文化的时代已经成为过去，因此，网络安全带来的社会风险日趋严峻，需要多方利益主体携手并进，共同防范网络安全风险。

### 4.2.2　网络技术引发潜在行业风险

人工智能技术和大数据的产生使网络数据纷繁多杂，每日产生信息量和数据量庞大又难以管理。据统计，2018 年中国大数据安全市场规模达到 28.4 亿元，增长率达到 30.5%，相比去年和前年分别增长了 3.3% 和 5.5%。其中这些数据只有 20% 是结构化数据，其余 80% 都是非结构化数据。企业可以通过人工智能技术编程，通过深度学习，成功分辨哪些数据有用，这样节省大量时间与资金成本，而面对这样庞大的数据，如何保障其安全也是一项极具挑战性的任务。

网络安全问题随着数据量的指数型暴涨而越发明显，各类网络安全事故的发生让企业和社会组织忧心忡忡。企业必须制定更严格的网络安全使用手册和保密规定，培养网络安全管理人员，严格按照管理规定行使安全条规，对数据安全使用。由于网络生活日趋方便和大数据的应用，网络攻击的学习门槛也越来越低，不法分子犯罪手段也越来越多，让人防不胜防。因此，数据安全保护是对企业的重大挑战。

但是同样应看到的是，在人工智能和大数据时代，安全与业务数据的结合同样能够带来巨大的价值。随着 IT 系统虚拟化的进行，在安全和业务部门使用人工智能技术和标准可以使企业及时发现异常行为，知晓对安全至关重要的数据。在波耐蒙研究所（Ponemon Institute）于 2018 年进行的一项调查中，英国和美国有 59% 的公司表示他们通过第三方遭受了数据泄露，但其中只有 35% 的公司认为他们的第三方风险管理计划非常有效。[①] 因此，随着数据量滚雪球般增加，不法分子利用这些数

---

① 2018 Ponemon Study on Global Megatrends in Cybersecurity；https：//www.ponemonorg/blog/ponemoninstitute -announces-the-release-of-the-2018-megatrends-study.

据挖掘出经济效益的机会也逐步增加，企业应当制定更有效的风险管理计划。

人工智能技术和大数据是网络时代的石油，在这个时期，网络系统正在从追求计算能力提高转变为高新技术的应用，软件也将从业务功能为主转变为以自主学习为中心。人工智能技术和大数据不再仅仅局限在科研机构的内部探索，它犹如一场旋风开始席卷全球。由于人工智能技术和大数据与人类生活的高度关联性，各大机构和组织开始关注人工智能技术和网络系统的安全应用，并且主动推进人工智能技术领域与管理领域的高度融合，制定安全生产程序、安全数据传播以及安全管理的规定和条约。并且在制定相关安全规定之前，各大企业和组织应当对各个领域可能存在人工智能技术与大数据应用存在的风险机制进行分析和罗列。

（1）互联网行业

互联网产生了大数据，人工智能技术应用又进一步推动了数据的暴涨。应用人工智能技术与大数据相结合，通过自主学习来整理分析数据中有价值的部分，从而为企业提供一种更高效的方式。这一理念首先被互联网企业认同并实施，众多公司陆续开始将人工智能技术与大数据相结合。例如亚马逊、Google、Facebook、淘宝、腾讯、百度均加大研发投入，推出基于人工智能大数据的智能客服以及智能解决方案。

人工智能在互联网行业的应用主要存在两方面的问题。一方面，由于人工智能技术属于高精尖的技术领域，对于一般学者来说具有专业技术壁垒，难以将其融合到其他领域当中。比如专家很难将关于人工智能技术导致数据泄露的责任界定出来，这不仅仅涉及人工智能技术领域也涉及法律层面的规定和社会层面的伦理道德。另一方面，随着电子商务与网络信息的发展和5G时代的来临，众多企业受到的网络攻击方式更多且复杂，网络攻击成本也更低廉。然而，保障网络安全的法律规定并不健全，几乎所有数据安全是由网络运营商负责，安全责任难以界定。

因此，互联网企业的网络安全风险的防范不仅仅需要自身建立更有效的安全储存设备，制定安全规章，培养安全管理人员，将人工智能技术与安全应用相结合，制定网络安全应对策略，而且需要立法机构结合各个行业领域的专家、学者以及公众的建议，制定一套完善的人工智能技术应用与网络安全管理机制。

（2）电信行业

电信行业是我国信息通信最重要的行业之一，几乎垄断除网络之外的快速沟通的方式。因此，电信行业具有庞大的用户人群，掌握大量的用户数据和信息，如用户个人信息、消费记录、习惯偏好以及地理位置等内容。当前，如何应用人工智能技术来分析、整理和挖掘更深层次价值的用户数据，是电信企业应对新时期新形势，避免被时代抛弃所做的尝试。

电信企业将掌握的用户信息，应用人工智能技术分析用户的需求，为用户量身定做服务，有利于电信行业整体服务水平的提升和减少浪费成本。由于电信企业在签订用户合同时，需要对用户的数据和隐私进行保密，并且数据来源庞大而杂乱，分布在各系统之中，因此，企业需要人工智能技术对企业平台上用户数据进行收集、分类以及科学建模，以确定和分析其数据价值。在对外合作时，电信行业需要能够精准地将对外业务需求转换成实际的数据需求，建立完善的数据对外开放访问机制。在实施过程中，电信行业需要考虑的一个重大问题是如何安全有效地保护用户数据隐私，防止被企业人员泄露。

因此，电信行业的网络安全风险需要保障用户的隐私安全、体验以及利益，企业的核心技术与资源的安全性、完整性在此基础上充分发挥人工智能的优势与数据相结合。

（3）金融行业

由于金融行业与数学领域紧密结合在一起，金融行业的发展离不开对数据的使用和分析，因此金融行业产生大量的数据，并随着金融业务的展开，金融数据与互联网、人类生活结合得更加紧密。因此，金融行业对原有15%的结构化数据进行分析已经不能满足进一步发展的需求。金融企业借助人工智能技术打破数据边界，囊括85%的非结构化数据，构建更全面的企业数字运营全景视图。并且，随着大数据时代的到来，人工智能技术应用于银行的运作方式开始发生改变，产生一些新的业务形式。比如：高频金融交易、小额信贷、精准营销、智能金融投顾以及智能金融保险等。这对金融行业更加洞察市场和客户需求产生较大的影响。

由于金融信息系统具有连接性强、风险高、信息可靠性高、保密性强度大等特征，因此，它对计算机网络的安全和稳定要求更高，期望能达到高容量、快速运行能力以及保证系统在任何情况下都能够正常运行的要求。并且，金融信息系统需要提供非常好的管理能力和灵活性，以应对复杂的应用。虽然金融信息系统一直在人工智能技术应用与数据安全方面追加投资和技术研发，但是由于金融领域业务链条的拉长、云计算模式的普及、自身系统复杂度的提升，以及对数据的不当利用，都增加了金融业大数据的安全风险。

因此，金融行业的网络安全风险需要对数据访问控制、处理算法、网络安全、数据管理和应用等方面提出安全要求，期望利用大数据安全技术加强金融机构的内部控制，提高金融监管和服务水平，防范和化解金融风险。

（4）医疗行业

医疗和人工智能应用大数据结缘始于医疗数字化，病历、影像、远程医疗等都会产生海量的数据，在医疗服务行业上，人工智能大数据可应用于人工智能医学影像、人工智能医疗研发、人工智能疾病预测、医疗机器人、人工智能虚拟护士以及分析由生活方式和行为引发的疾病等方面。据麦肯锡研究报告显示，医疗的大数据的分析会为美国产生 3000 亿美元的价值，减少 8% 的国家医疗保健的支出。医疗离不开数据，数据用于医疗，大数据的基础为医疗服务行业提出的"生态"概念的实现提供了有力的保障。

由于医疗行业的特殊性，即每个人都有病历本，需要保存以前病例数据，因此，医疗行业的数据呈现线性增长的情况，医疗行业的数据储存压力较大。医疗行业的数据储存安全和恢复能力直接影响到医院系统的运行状态，这使得医疗行业越来越关注网络安全的风险防范。与此同时，医疗数据因为与患者的身体机能和健康状态挂钩，具有较强的隐私性，绝大多数患者不愿意将其数据直接提供给科研机构和医院进行研究，然而，数据具有时效性，这可能造成医疗数据资源的浪费。

因此，医疗行业的网络安全风险需要建立稳定性更强的数据储存库，患者的医疗数据隐私性极高，同时要安全和可靠的数据存储、完善的数据备份和管理，以帮助医生与病人进行疾病诊断、药物开发、管理决策、完善医院服务，提高病人满意度，降低病人流失率。

## 4.2.3　网络安全风险中的组织行为

网络攻击可能会造成两种影响，一种是波及范围广但持续时间较短（如 2017 年勒索病毒波及 64 个国家），另一种波及范围有限但持续时间较长（如 2007 年爱沙尼亚遭遇大规模网络攻击）。但是网络攻击没法做到既能持续长时间打击，又能波及范围广。这是因为网络具有开放性和数据共享性，人人都能参与，具有强大的人力资源，网络设备的应用依靠国家和龙头企业的巨额投资，因此网络安全拥有强大的后盾支持。

这是一个充满机遇和风险的时代，扑面而来的危机个个都比隐私问题更为严重，贫富分化和时局动荡加速了社会组织结构的改变，日益严重的矛盾导致了巨大而深远的社会影响。人工智能技术应用的负面作用对变革中的领导活动提出了严峻的挑战，同时也对企业提出了新的责任要求。为此，不仅政府组织需要重视防范网络安全风险的产生，而且企业也必须重新思考其在当前经济和社会中发挥的作用。

网络智能时代创造了一个无国界世界，资金、通信、商业交易和信息的全面数字化使人们对国家边界的印象越来越模糊。

目前，电子政府概念就像荒原野火一样横扫整个北美大陆的公关部门，同时引发了很多其他国家的浓厚兴趣。电子政府即网络互联政府，它在政府内部实现了新技术和传统系统的连接，在外部实现了政府信息基础设施与一切数字化设备和联网用户的连接，包括纳税人、供应商、商业客户和选民，以及和各种社会机构的连接，如学校、实验室、大众媒体、医院、其他各级政府和世界上的其他国家。[①] 网络与人工智能技术在政府组织中的应用，虽然可以降低政府运营的成本与提高行政效率，但是政府资料的电子储存也具有网络安全隐患。

政府组织必须加强对网络智能时代中电子政务的管理。正如奥斯本和盖布勒在《改革政府》中所言，人们需要的是能发挥促进作用的政府，其职能是引导鼓励而不是身体力行；其形式是共同所有，强调赋权而不是服务；其目标是以使命为驱动，以结果为定位和以顾客为中心。[②] 因此，在网络智能时代，政府组织应当充分发挥领导者的作用，把控人工智能技术与政务工作的衔接点，重点防范网络安全风险。

企业组织必须重新思考在新经济时代应发挥的作用。无论出于利他主义还是保障自身利益，企业都应当为即将发生的广阔社会变革提供领导活动。企业能否成功取决于能否快速平稳地实现互联网引发的巨大社会变革。只有当劳动力具备新经济时代的特征，具有教育水平高、干劲充足、稳定健康等特点时，一个国家的企业才能取得成功。只有当企业支持创新，认同社会公益，关注个人隐私时，其国内市场才能实现生存。

企业组织从来都无法在社会真空中生存，它们始终和社会政治环境息息相关。为此，企业经常捐赠慈善事业，支持政党活动，投资社会项目。反之，企业一直都在高度变化极不稳定的环境中经营业务，尽管这里并不是它们建立总部和安置重要

---

① ［美］唐·泰普斯科特. 数据时代的经济学：对网络智能时代的机遇和风险的再思考［M］. 毕崇毅译. 北京：机械工业出版社，2016：226-227.

② ［美］戴维·奥斯本，特德·盖布勒. 改革政府［M］. 周敦仁译. 上海：上海译文出版社，2006.

资产的理想选择。随着新经济时代转型力度的逐渐加大，经济和社会变革之间的联系变得越来越密切。在新经济时代转型过程中，管理不善导致的潜在社会风险要比联邦赤字等经济问题要严重得多。如今高度发达的通信手段让整个世界变成了地球村，这种联系也进一步升级到了全球规模。

## 4.3　网络安全产品应用及未来趋势

2019 年 3 月 4 日，十三届全国人大二次会议上，大会发言人张业遂表示，已将人工智能密切相关的立法项目列入立法规划当中，2019 年已成为网络安全产业发展的重要时期。人工智能和大数据与各个领域相结合，形成了一条庞大的网络产业链。表 4-1 和图 4-1 是赛迪顾问在 2019 年 2 月发布的网络安全产品、网络安全服务以及新兴领域安全图。

**表 4-1　网络安全产品和网络安全服务图**

| | 防火墙 | IDS/IPS | 上网行为管理 | 抗 DDOS 产品 | UTM |
|---|---|---|---|---|---|
| 网络安全产品 | VPN | 设备准入 | 网络审计 | 网闸 | DNS 安全 |
| | 终端防病毒 | 主机监控与审计 | 终端检测与响应 | 主机/服务器加固 | 终端安全管理 |
| | 安全管理平台 | 日志分析与审计 | 安全策略管理 | 安全监督线与配置管理 | 漏洞评估管理 |
| | 数据防泄漏 | 文档管理及加密 | 数据库审计及防护 | 数据灾备 | 加密机 |
| | 统一身份管理 | 数字证书 | 硬件认证 | 生物识别 | 运维审计 |
| | Web 漏洞扫描 | 邮件安全 | Web 应用防火墙 | 网页防篡改 | 代码安全 |
| | 反钓鱼 | 反欺诈 | 业务风控 | UEBA | 其他 |
| | 安全配置核查工具 | 等级保护测评工具箱 | 安全测评工具 | 信息系统风险评估工具 | 其他 |
| 网络安全服务 | 方案设计咨询 | 管理体系咨询 | 安全培训教育 | 攻防训练平台 | |
| | 设计和产品部署 | 加固优化 | 检查测试 | 备份恢复 | |
| | 认证测评 | 风险评估 | 安全监管 | 安全保险 | |
| | 溯源取证 | 响应处置 | 分析报告 | 建设实施 | |
| | 威胁情报 | 态势感知 | 众测服务 | 舆情监控 | 网络空间资产测绘 |

网络安全产业主要是为重点行业及企业级用户提供保障网络可靠性、安全性的产品和服务。主要包括防火墙、身份认证、终端安全管理、安全管理平台等传统产品，云安全、大数据安全、工控安全等新兴产品，以及安全评估、安全咨询、安全集成为主的安全服务。在网络安全市场规模测算中，未包含芯片及元器件相关制造业、舆情分析、军队、保密等领域的市场规模。

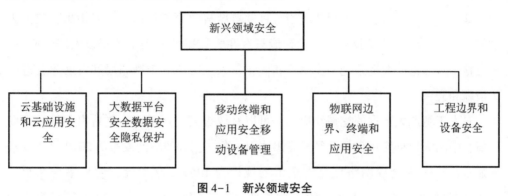

图 4-1　新兴领域安全

在这些新兴领域安全中，大数据的积累为人工智能发展提供了燃料。互联网数据中心（IDC）、希捷科技曾发布了《数据时代2025》报告，报告中显示2025年的全球数据总量将达到163 ZB（10万亿亿字节）。爆炸性增长的数据为人工智能的深度学习技术提供了丰厚的数据土壤，推动了人工智能的快速发展。

大数据在人工智能领域中应用是起着基础性作用的。原因有两方面。一方面，在发展意义上，人工智能的核心在于数据支持。另一方面，在发展现状上，人工智能的突飞猛进建立在大数据的基础上。

从发展意义上看，大数据对人工智能的数据支持作用有两个具体表现。首先，大数据技术的发展为人工智能技术打下了基础。人工智能的发展需要学习大量的知识和经验，这些知识和经验就是各种各样的数据。大数据中的海量数据为深度学习等人工智能算法提供了坚实的素材基础。其次，人工智能的创新应用离不开公共数据的开放和共享。人工智能的发展需要多种环境下的数据资源，而大数据技术的一大特点就是数据资源的开放和共享。因此，大数据也为人工智能技术的创新应用提供了条件。

从发展现状来看，人工智能的飞速发展建立在大数据的基础上是不争的事实。首先，海量数据为训练人工智能提供了原材料。根据IDC预测，2020年全球将总共拥有35ZB的数据量。正是海量的数据给人工智能的深度学习带来了可能。其次，人工智能领域具有较强实力的互联网企业都有着强大的大数据实力。例如，2.5 万名谷歌工程师可调用谷歌存放在代码资源库中的 20 亿行代码；亚马逊 AWS 为全球 190 个国家和地区超过百万家企业和组织提供支持，拥有的数据量也不容小觑。这些企业的强大数据库是其成为人工智能行业排头兵的必要条件。

许多人工智能的应用是基于多产业数据协同的，智能家居系统就是结合了多个领域如弱电、安防等的人工智能应用。百度首席科学家熊辉博士曾经指出，数据驱动的人工智能时代已经到来，人工智能只有在大数据的驱动下才得以发展。所以，只有整个大数据产业链条进一步完善和优化，人工智能的未来布局和发展才会进一步清晰和完善。

对人工智能大数据的挖掘和应用，可以有效提高生产效率，创造出大量的市场价值，中国大数据应用市场已经显露出冰山一角，据赛迪顾问发布的 2019 年 2 月报告显示：2018 年全球网络信息安全市场规模为 1269.8 亿美元，增长率为 8.5%。2019 年还将继续增长，未来三年内增长率将有希望突破 9.3%，2021 年有望达到 1648.9 美元。图 4-2 给出了赛迪顾问预测的 2016—2021 年全球网络信息安全市场规模与增长情况。

图 4-2 2016—2021 年全球网络信息安全市场规模和增长情况

随着前所未有的海量数据聚集与处理，人工智能大数据呈现出以下发展趋势。

（1）人工智能大数据将创造新的细分市场

人工智能技术的发展建立在大数据的基础上，其商业落地自然也离不开大数据的支撑。在一些现代化的产业领域，如智能家居等，人工智能已经充分展示了自身的实力。但在传统行业中，其商业应用稍显不足。而实际上，在大数据的支撑下，人工智能在传统行业的发展潜力也十分巨大。以教育领域为例，学生的做题反馈就是一个极佳的数据切入口。通过大数据软件收集学生的做题情况，人工智能可实现为学生智能规划个性化的试题方案和复习策略。由于老师和学生一直处于一对多的模式中，学生的个性化学习方案是传统教育不能实现的，人工智能刚好能够弥补这个缺憾，对于老师而言，人工智能辅助的教学系统能够提供备课参考意见，通过大数据分析以往学生对某个知识点的反馈，人工智能可为老师从学生的角度提炼课程的重点及难点，有助于老师安排课程进度，做到有的放矢。教育行业只是传统行业的一个案例，但从这个案例中依旧可以看出利用大数据、人工智能可为传统行业带来巨大转变，而人工智能自身也可扩大商业落地的场景。

（2）人工智能大数据由网络数据处理走向企业级应用

现今人工智能大数据的技术主要应用于谷歌、脸书、百度、腾讯、中国移动等互联网企业或者通信巨头企业，但由于新计划技术和人工智能技术的快速发展，各个领域的企业将产生海量的数据。这些数据的分析与使用将促进人工智能技术在企业当中的应用，企业的管理模式也会随之进行革新。

（3）人工智能大数据成为智力资产和资源，信息部门从成本中心转向利润中心

越来越多的企业意识到，数据和信息已经成为企业的智力资产和资源，数据的分析和处理能力正在成为企业日益倚重的技术手段，合理有效地利用数据，能够为企业创造更大的竞争力、价值和财富，以实现企业数据价值的最大化，更好地实施差异化竞争。掌控数据就可以支配市场，同时意味着巨大的投资回报，企业的 IT 部门拥有更多的数据资产，获得数据潜在价值的可能性逐渐增加。

（4）人工智能与大数据从商业行为上升到国家发展战略

数据量的急剧增长不仅要求在带宽和存储设备等基础设施方面增加大量投入，而且需要国家更新已有的信息化战略。在我国工信部发布的物联网"十二五"规划上，信息处理技术作为四项关键技术创新工程之一被提出来，其中包括了海量数据存储、数据挖掘、图像视频智能分析，这都是大数据的重要组成部分，而另外三项信息感知技术、信息传输技术、信息安全技术也与大数据密切相关。

（5）人工智能与数据科学越来越大众化

大数据分析将走向大众化，不仅数据科学家、分析师可以钻研更深层面的需求，如：实现新算法以应对客户流失等，对于一般（非数学专业的）业务人士与管理人员，也可通过不同开发工具实现对于各类数据的分析，实现新的价值，例如 SQL、MapReduce、统计、图形、路径、时间和地理查询等。

（6）从人工智能技术到大数据科学的发展趋势

美国"大数据研究和发展计划"以政府资金支持大数据科学研究，推动大数据科学核心技术发展的模式，显示了大数据科学不可阻挡的发展趋势。同时，大数据科学核心技术在众多领域所展现的积极作用激励了广大科研人员研究大数据的热情。

## 4.4　本章小结

随着大数据和计算机技术迅猛发展与人工智能时代的到来，基于复杂网络理论的分析，网络安全问题不仅包括人们的上网安全、个人隐私安全以及周围网络环境安全等，而且包含各个行业的数据安全、技术使用安全以及受到网络攻击威胁等。这些安全威胁构成一张复杂的网络系统，任何环节都将形成相互作用，各个关键节点都会发挥作用，影响到整个社会的发展和稳定。因此，本章在人工智能时代背景下，界定网络安全风险定义与特征、网络安全风险生发逻辑、网络安全产业的发展及趋势，以及网络安全面临的挑战等内容。

# 第五章　数据安全风险

　　"风险"一词的出现实际上意味着一种新的世界观,表明人们意识到了人在这个世界中存在的主体性质,这也是从欧洲的启蒙运动以来一直被重点强调的主体精神。而风险也可以被细致地划分为群性社会风险与类性社会风险,生活的社会是人与人依据某种关系纽带而形成的"集合体",伴随着人与人之间社会交往的发展,人开始发展成为"社会人",社会风险也随之出现。科学技术的发展让现代社会的发展速度越来越快,数据是人类社会发展的一种重要的推动力量,但是它存在的潜在危害性也是威胁人类社会稳定的隐形炸弹,表现出明显的利害两重性效应。数据安全如何保护?数据安全所带来的风险如何避免?当代人类已经养成了一种技术化生存方式,过分依赖科学技术,过分沉浸在技术乐观主义的世界里,却忽视了科技实践对人类的自然生存造成了何种破坏,以及科技的滥用会给人类社会引发何种大规模的风险。

　　恩格斯早在一百六十多年前就对人类的盲目自信提出了警告:"我们不要过分陶醉于对自然界的胜利,对于每一次这样的胜利,自然界都会对我们进行报复",①数据安全风险虽然与自然界关系不大,但是这其中揭示的核心思想不得不说是具有警醒意味的,盲目沉浸于数据集合为生活带来的便利,而忽视了因数据泄露带来的社会风险,对于人类社会的进步会产生阻碍。人工智能发展所带来的大数据整合技术的进步,同时也产生了数据安全风险,本章主要讨论数据安全风险产生的来源及起因,政府作为公共管理部门如何利用大数据更好地管理社会事务,从而引发大众对于数据安全保护的理性思考。

---

　　① 恩格斯. 马克思恩格斯选集(第四卷)[M]. 北京:人民出版社,1995:383.

## 5.1　数据安全风险：内涵意蕴及特征

风险社会理论认为，现代社会是一个高度现代化和高度风险化的社会。从风险社会理论的角度而言，现代社会风险的产生主要是人为因素产生的，也就是由于人类不合理的实践活动和发展方式而引发的后果，整个世界已经逐渐演变成了一个"世界风险社会"，中国无疑也被纳入其中了。中国已经进入了风险社会，数据安全风险是科技发展带来的各种安全风险中的重要一环。

### 5.1.1　大数据的内涵

目前数据已成为资产、能源等领域的关键要素，数据安全市场呈井喷之势。在信息时代，个人信息通常是能够以电子或者其他方式记录的，能够单独或与其他信息结合识别个人身份的各种信息。据中国商业产业研究院分析，2016—2020年中国数据安全市场规模年增速30%以上，预计2020年市场规模将超70亿元。个人信息在大数据时代具有"公共性"，但对个人信息的利用可能导致对个人信息权益的侵害。[①] 不管人类是否清晰地意识到自身已经与各种类型的巨型网络连接成一部分，个体在信息网络中操作的每一次指令都会成为个人的"轨迹"，从而形成一定的个人数据并自动地被系统记录下来，这些数据被汇聚成一个巨大的"数据池"，成为"大数据"本身。[②]

大数据的信息处理框架包括：数据的收集、数据的集成与融合、数据分析和数据解释。[③] 使用得当的话，大数据分析能够提高地方的经济生产效率，改善客户与政府服务的体验，甚至对于打击恐怖分子，拯救生命方面都有很大的作用，它能让很多以前无法想象的、无法做到的事情，通过大数据的提取进行有价值的分析，得出最终的有建设性的建议。在学术领域，部分大数据通过整合产生的远见卓识是很

---

① 孙清白，王建文. 大数据时代个人信息"公共性"的法律逻辑与法律规制［J］. 行政法学研究，2018（03）：53-61.

② 张茂月. 大数据时代公民个人信息数据面临的风险及应对［J］. 情报理论与实践，2015，38（06）：57-61+70.

③ Meng Xiaofeng，Ci Xiang，*Big data management：Concepts，techniques and challenges*，Journal of Computer Reseraral and Development，vol. 50，issue. 1，2013，pp. 146-169.

多学者与分析者们很难想象的。大数据技术及其应用，是将诸多杂乱的数据信息转变为特定的、知识密度高度集中的数据类型的过程。这将会引领一个知识产生和不断创新的新时代，给科学领域和商业领域等带来意想不到的巨大的好处，但与此同时，它也具有令人无法想象的入侵性，大数据的无所不知甚至是无所不能让人惧怕。大数据不仅可以通过日常行为了解到人们的兴趣爱好，生成一个行为图谱，进而知晓人们的私密信息，还能够针对个人做出情景预测，并对此提出建设性意见。因此，人们不需要远见卓识也可以拥有丰富的知识和见解。在大数据引导生成各种知识的过程中，人们即使在没有创造者的情景下也能通过创新轻易地取得成功。即使那些对大数据保持谨慎态度的人也不得不承认大数据的分析对于提升人们对世界的认知和促进创新的飞跃发展等各个方面，都提供了一个全新的思路，为人类呈现了一个非常瑰丽的景象。

## 5.1.2　大数据的特征

事实上的大数据并不是完全全能的。大数据是一个用于概括的并不是完全严谨的术语，专门用于数据科学领域，通过大数据集对行为进行预测分析。[1] 现下人们需要做的是解开关于大数据的极端想象，那些被人为夸大的部分对人们思维、认识的干扰。一些大数据的代言人，在等待一个他们认为即将被实现的、脑中一直显现的数字时代的画面时，众多彻底的理想主义者们心中按捺不住迎接数字时代来临的狂喜。[2] 事实上，这是一种毫无理智的"技术崇拜"。信仰技术确实能让人们过上更好的生活，然而，当大数据的技术成为一种革命力量，在全球范围内掀起一股潮流时，需要深刻思考的是，如何准确地把握住大数据提供的机遇与这些技术所诱发的社会、伦理问题及相关风险之间的平衡。

在大数据技术为了实现经济利益和社会价值被社会所使用的时候，它发挥关键作用并且不断创新产品与服务，就像很多其他正在被使用的其他技术一样，它本身是伦理中立的。这意味着，大数据技术在被加以使用的过程中并不会带有自我判断对错好坏的审视，大数据是没有价值框架的。然而，使用的个体即个人和企业却都

---

① Boyd D. Cawford K, *Cricel Qustions for Big Data: Povcations for aCulural, Tchologcal, and Scolary Phenomenon Ifomaion Comnication & Sociey*, vol. 15, ise. s, 2012, pp. 662-663.

② Kelm B., *Will the Singularity Make Us Happier?* WIRED. (2008-05-30) [2015-12-20], htp://ww.wired. com/wiredscience/2008/05/will-the singul/#previouspost.

是带有价值系统的，只有通过质疑和探寻伦理困惑的答案，才能保证大数据是在以符合人们价值观的方式被加以运用。大数据表现出以下几个典型的特征。第一，大数据的容量非常大。据中国互联网网络信息中心（CNNIC）统计（图5-1）[①]，截至2018年12月，网民规模达8.29亿，全年新增网民5653万，互联网普及率为59.6%，较2017年年底提升3.8个百分点。我国手机网民规模达8.17亿，全国新增网民6433万，全国互联网覆盖率进一步扩大。

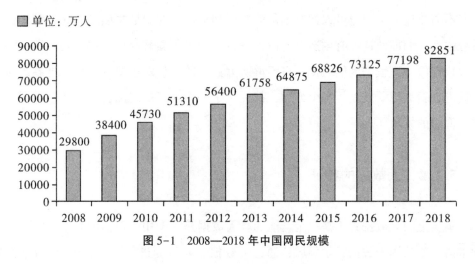

图5-1　2008—2018年中国网民规模

第二，数据种类多且具有可变性，大数据将和错误的数据混杂在一起，只要是人们经由网络留下的上网痕迹就能成为数据的来源。随着使用者的不断增加，数据所蕴含的体量也在不断地变化。例如，对于某个热点事件，或许刚开始关注的人群得出了某一结论，然而当讨论的人越来越多时，对该事件形成的定论可能被推翻而形成另外的不同的结论。对于大数据而言，有大量数据不断交织在一起，且数据量非常大，来源渠道不限且多元化，因而具有极强的可变性（表5-1）。

表5-1　2017.12—2018.12网民各类互联网应用的使用率

| 应用 | 2018.12 | | 2017.12 | | 年增长率 |
|---|---|---|---|---|---|
| | 网民规模（万） | 网民使用率 | 网民规模（万） | 网民使用率 | |
| 即时通信 | 79 172 | 95.6% | 72 023 | 93.3% | 9.9% |
| 搜索引擎 | 68 132 | 82.2% | 63 956 | 82.8% | 6.5% |
| 网络新闻 | 67 473 | 81.4% | 64 689 | 83.8% | 4.3% |
| 网络视频 | 61 201 | 73.9% | 57 892 | 75.0% | 5.7% |

---

① 第43次中国互联网发展状况统计报告。

续表

| 应用 | 2018.12 | | 2017.12 | | 年增长率 |
|------|---------|---------|---------|---------|--------|
| | 网民规模（万） | 网民使用率 | 网民规模（万） | 网民使用率 | |
| 网络购物 | 61 011 | 73.6% | 53 332 | 69.1% | 14.4% |
| 网上支付 | 60 040 | 72.5% | 53 110 | 68.8% | 13.0% |
| 网络音乐 | 57 560 | 69.5% | 54 809 | 71.0% | 5.0% |
| 网络游戏 | 48 384 | 58.4% | 44 161 | 57.2% | 9.6% |
| 网络文学 | 43 201 | 52.1% | 37 774 | 48.9% | 14.4% |
| 网上银行 | 41 980 | 50.7% | 39 911 | 51.7% | 5.2% |
| 旅行预订 | 41 001 | 49.5% | 37 578 | 48.7% | 9.1% |
| 网上订外卖 | 40 601 | 49% | 34 338 | 44.5% | 18.2% |
| 网络直播 | 39 676 | 47.9% | 43 309 | 54.7% | −6.0% |
| 微博 | 35 057 | 42.3% | 31 601 | 40.9% | 10.9% |
| 网约专车或快车 | 33 282 | 40.2% | 23 623 | 30.6% | 40.9% |
| 网约出租车 | 32 988 | 39.8% | 28 651 | 37.1% | 15.1% |
| 在线教育 | 20 123 | 24.3% | 15 518 | 20.1% | 29.7% |
| 互联网理财 | 15 138 | 18.3% | 12 881 | 16.7% | 17.5% |
| 短视频 | 64 789 | 78.2% | | | |

第三，大数据的速度性。大数据的传播速度早已突破了点到点的传播方式，已经建构了由点到面的传播模式（表5-2）。①

表5-2 主要骨干网络国际出口宽带数

| 主要骨干网络 | 国际出口宽带数（Mbps） |
|------------|---------------------|
| 中国电信 | 4 537 680 |
| 中国联通 | 2 234 738 |
| 中国移动 | 1 997 000 |
| 中国科技网 | 115 712 |
| 中国教育和科研计算机网 | 61 440 |
| 合计 | 8 946 570 |

---

① 姚万勤. 大数据时代人工智能的法律风险及其防范 [J]. 内蒙古社会科学（汉文版），2019, 40 (02)：84-90.

### 5.1.3　数据安全风险的界定

大部分描述数据安全风险的文献主要围绕着个人数据安全进行讨论，个人数据安全包含着哪些内容？主要是广义上的"个人身份可识别信息"，"个人身份可识别信息"是汇集成为大数据的元素，现有三种定义"个人身份可识别信息"的模式：第一种是用语反复的定义方式；第二种是非公开的定义方式，在该模式下，"个人身份可识别信息"是指那些公众自身无法接触的个人信息；第三种是一种特殊类型的定义方式，通过不同的方式对"个人身份可识别信息"进行一一列举。第一种与第二种定义方法都属于标准的定义方法，而第三种属于规则的定义方法。在使用标准的定义方法时，决策者拥有较大的自由裁量权，可以自由地判断并且决定定义"个人身份可识别信息"概念时应考虑的因素。决策者可以根据原来的政策对这些因素进行识别，使政策与具体的事实更好地相互适应。总的来讲，无论采用标准的定义方式还是规则的定义方式，这两种方式都无法令人感到满意。

从事数据挖掘的分析人员往往并不是数据及数据价值的拥有者本身，分析人员对于"个人身份可识别信息"的获取只是工作的一个环节，并且由于用户和分析人员之间存在着大数据和云端计算水平的技术差别，会出现很严重的信息不对等的现象。而大数据之所有有其存在价值，是因为大数据通过技术人员进行系列的关联分析和深度挖掘之后，显现出对于对应问题的答案，因此，使用者无法提前知晓技术人员事先依据数据价值而判断出的契约内容。

通过对数据进行挖掘和开采后，技术人员既可以在看到结果后对用户的隐私和权益进行全方位的透视，又可以将开采结果部分全部截获，然后将经截获处理后的结果进行掩饰或包装，最后将包装后的结果交付用户。数据处理者有可能通过掌握的信息轨迹，预测数据权人的行为走向，进而调整商业活动模式。在大数据发展的初期，没有或难以构建对数据挖掘的安全防御和监控体系，整个数据挖掘过程犹如进入"无人之境"。自然地，用户的隐私和数据收益权益受到损失，风险因而演变成了危机。

## 5.2 数据安全风险的生发逻辑

### 5.2.1 数据安全风险的缘起

早在 1971 年，学者米勒（Authur Miller）就曾谈道："电子计算机将使得预测个体或群体行为的虚拟活动成为可能"。[①] 他与此同时也在担忧，在未来，某些组织机构会利用发展迅速的计算机技术与信息技术对消费者的行为进行描绘，进而间接产生影响，甚至操控其行为选择。这些预言，在 21 世纪，都成了摆在眼前的现实。

20 世纪后，世界各国的宪法中逐渐出现了对公民个人的隐私权确认和保护的规定，比如韩国宪法第十七条规定：所有国民拥有私生活的秘密和自由不受侵犯；第十八条规定：所有国民的通信秘密不受侵犯。中国同样在宪法的第四十条中规定：公民的通信自由和通信秘密都受到法律的保护。随着现代科技的不断发展，Web2.0、云计算、物联网、移动互联网、大数据等高科技技术的出现，人们在享受它们带来的便利的同时，也不得不上交自己的个人信息作为便利使用的代价，人们由此引发的对数据信息安全风险的认识和关注也上升到了一个新的高度。2013 年 12 月 18 日，联合国大会通过了"数字时代隐私权"的决议，显示出现代民主社会所强调的公民数据安全中，隐私安全是其中的重要环节。如果使用非法的手段对他人网络行为进行监控和个人信息的收集，是对民主社会信念的背离，毫无疑问的侵犯了公民的隐私权和言论自由权。2016 年 4 月，欧洲议会宣布出台新的更为严格的《一般数据保护条例》，这项新的条例的通过和实施，体现出欧盟对于个人信息数据的保护和监管的严格程度，是以前从未达到过的高度。在这一个发展阶段中，传统的数据范围内包含的数据信息保护条款已经无法适应人工智能快速发展而导致的非常规性质的数据收集、监管等各种挑战，因此，在此后，涌现出了各种各样的新型的数据保护技术，而相对应的，新的法律、法规以及各行各业应遵守的规范也需要不停地进步和更新。

---

① Authur Miller, *The Assault on Privacy*: *Computer*, *Data Banks and Dossiers*, Signet: 1972, p. 42.

### 5.2.2　数据安全风险的成因逻辑

政府、企业和科研机构在马不停蹄地发展人工智能的同时，对于如何解决数据信息安全的保护方面都倾注了很大的功夫。2014年5月，美国白宫发布了《大数据与隐私保护：一种技术视角》的白皮书，着重讨论了高新技术的发展与隐私保护之间的关系，鲜明地指出了这两者之间的矛盾冲突。通过对人工智能和数据信息安全保护的探讨发现，数据信息安全和人工智能发展之间的争议主要在"个人数据"上。在大数据发展还未成形的时代，企业和机构一般采取最为原始的形式收集数据，即数学统计方式。而进入21世纪，城市化规模变大，城市中的数据的种类和规模也急剧上升，适用于数据分析的方法也不断改进完善，从而让数据更好更便捷地使用在人们的日常生活。

如上所述，在人工智能尚未发展完全时，各大商业公司普遍采用大众营销的手段来推广自己的商品。这种营销模式从数学角度出发，利用人口学信息，在特定的期刊和电视节目中投放广告。现今的信息时代让一切变得更加方便快捷了，商业公司可根据互联网用户对不同商品的浏览行为，具有针对性地投放更加符合消费者心理需求和购买欲望的广告。如今的大数据收集，网络广告早已最大限度地实现了使用技术对用户信息进行全方位的精准分析。① 通过这种收集方式，商业公司了解到受众的商品喜好、购物行为、选择特点，并根据这些来投放不同内容的广告，这就是俗称的行为营销模式。这种模式尽可能地利用个体过去已经产生的行为特征，或者是当个体在类似情形下做出的反应与某个人群相似时，就会被商业公司划分为其中一类，从而向公众进行一对一类型的商品广告推荐。学者达文波特（Thomas Davenport）与哈里斯（Jeanne Harris）通过研究行为营销，在做出相应的分析后，得出的结论是需要尽量利用现有的已掌握的或者是从第三方得来的消息，进行大数据的统计分析。各个商业机构根据自身发展需求，结合该分析结果，对自身的营销模式进行分析和判断，最终再抉择向消费者投放广告的类型。② 在各大公司建立商业网站的最初，该商业网站的盈利模式其实就是在网络页面投放各种类型的广告。有研究指出，由美国广告支持的互联网企业，为美国提供了数百万个与就业相关的重要

① 林子杉. 互联网精准营销，是在偷窥还是在帮助用户 [J]. 人民法院报，2015（9）：6.

② Davenport T. H., Harris J. G., *Competing on Analytics*, Boston：Harvard business School Press, 2007, p. 7.

职业岗位，通过这些岗位，在互动销售领域为美国贡献了数十亿美元计的经济增长份额。[①]

### 5.2.3 数据安全风险的双重挑战

对个人信息的界定，一般从该信息身份是否具备"可识别性"来作为标准。尽管该项条款是一个非常具有开放性的法律界定，然而在 20 世纪 70 年代，个人信息保护法的诞生的最初，如何定义"可识别性"的信息十分有限，该识别方式只能满足当时的时代需求。随着人工智能等高科技技术的飞速发展，新的时代已经到来，技术改革、信息共享甚至于数据储存后再识别让大众的个人身份可识别的可能性变得越来越大，以前制定的法律已经不再适用于现今的保护边界。因此，如何准确界定个人信息的保护范围面临着许许多多的困境。

1. 基于大数据的人工智能与个人信息保护难题

人工智能有"强人工智能"和"弱人工智能"两个学派，然而不管是从属于哪种类型的人工智能，一旦涉猎大数据，就会出现因大数据的收集和使用而造成侵犯公众个人隐私。虽然随着国家立法的逐渐严谨，大众都明显感受到国家加强了对于保护个人隐私方面的法制建设，但人们把眼光放进现实生活中时，对于隐私权保护的现状仍然处在尴尬的境地。特别是网络对日常生活的影响越来越大，网络监控的条款签订也越来越严谨，各大社交平台为加强监控而实行的实名制度，让个人信息的保护难度愈来愈大。[②] 而人工智能等高科技技术发展的背后，是那些站在人工智能发展前沿的"大数据掌控者"，这些管理者如何处理个人信息？个体的隐私和自由变得越来越难以保护。这是否意味着传统意义上的隐私权保护离公众渐行渐远？综上所述，人工智能等技术是需要得到可靠可信的大数据进行数据分析后，才能提供精确的个体服务。而如何有效地利用这些信息为人们服务并且兼顾保护公民合法享有的个人信息隐私权？是未来讨论的重点。

谈及个人的基本信息，主要有两个方面的内容构成。一是作为社会个体自身，拥有的可以对身份进行验证的信息，例如社会个体的身份证信息以及在使用各大平

---

[①] Deighton J., Kirnfeld L., *Economic Value of the Advertising-supported Internet Ecosytem*-2012, Interactibe Advertising Bureau, 2012 (9).

[②] 郑戈. 在鼓励创新与保护人权之间 [J]. 探索与争鸣.

台注册时使用的用户名、密码等；第二是每个社会个体所属的内容信息，这部分的信息是由于社会个体在日常生活对自己的身份信息使用而形成的信息链条，比如在超市购物时填写的会员基本信息。其中第一点的身份信息属于法律保护的不可让渡信息，这也是人工智能等科技领域无法侵犯、不被允许涉及的区域。除此之外，人工智能技术要想在各个领域发挥最大限度地效用，就只能正面解决如何在法律范围内，快速有效地构建起一套完备的保护个体内容的法律法规。目前最大的瓶颈是，暂时还无法形成一套有成效的规范化制度，甚至于当下为了尽可能满足人工智能的发展需求，而无视甚至随意侵犯他人的个人信息，这种情况不胜枚举。这主要是很多的网络平台为了眼前的利益出发，未能对大众个人信息形成良好的保护，导致个人信息泄露情形时有发生。

2. 基于大数据的技术风险

人工智能和大数据的应用带来众多机遇的同时，也带来了不可忽视的一系列挑战。

（1）外部业务需求的数据转换

由移动智能终端、物联网、云计算引发的大数据趋势，不仅改变了人们的生活方式，也要求企业重新设计考虑原来的运作模式，以数据驱动满足新的外部业务需求。但是，通常业务管理人员和后台技术人员使用的语言是不同的。业务管理人员会加入自己领域的术语和解释，技术人员会从系统实现的角度解释需求，两者的转换变得较为困难。因此，需要了解面向业务级的数据应用，针对不同业务部门的具体需求，统一业务语义模型和数据逻辑建模，根据需求合并、汇总业务数据，满足业务分析、挖掘和查询需求的变化。

（2）人工智能与大数据技术运用仍存在困难

在实际生产中，有些行业的数据运用困难，比如：医学影像的数据资源十分有限，普通人平均一年都不一定产生一张医学影像，特定病种就更少了，除了来源限制，医学影像数据的专业性也限制了人工智能获得相应数据的预期结果。而医学影像的标注必须来源专业的医学人员，不能像其他数据那样进行外包处理，这也进一步加重了人工智能在医学领域的数据困境。如何对跨业务平台的数据进行关联，并全面实时地给出分析结果，也是大数据技术需要面临的一个挑战。

（3）用户隐私与便利性的冲突

通过对大量用户数据的分析，可以有效提升用户服务。但是，搜集的用户数据成为一个具有价值的整体，无论是对用户隐私还是数据本身，都成了具有争议的灰色地带。例如，华尔街一位股票炒家利用电脑程序分析全球 3.4 亿微博用户的留言，以此判断民众情绪。这对提供数据的众多微博用户而言，成了被利用的对象。因此，如何在挖掘数据价值和个人隐私保护之间寻求平衡，防止被窃取、非法添加或篡改等情况的出现，是大数据需要解决的另一个难题。

## **5.3**　人工智能时代信息安全与隐私顾虑

关于个人信息保护的范围，起决定性作用的是"个人身份可识别信息"本身到底包涵什么内容。这作为个人信息保护的核心概念，想要对其下定义，是一道比想

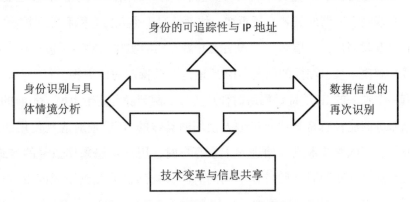

图 5-2　"个人可识别信息"面临的四重困境

象中要困难许多的难题，这其中的困难主要存在于四个方面（图 5-2）。第一个方面，当很多人一想到匿名一词，就会有自己的理解，而往往这些理解是错误的。一些人认为，在连接网络的时刻，使用假名即虚拟名称，就可以处在匿名状态。然而，随着静态 IP 的使用，现代网络已经发展到只要电脑与互联网有连接，个体身份就可以被网络识别的境界。第二个方面，自身的某些"可识别信息"并没有在个人身份所包含的范畴内，然而在经过市场的集合和融汇之后，这些不同类型的"非个人身份可识别信息"在这之后被转换成为"个人身份可识别信息"，大数据的发展令以前无法做到的信息整合成为了真实的现实。第三个方面，高新技术随着时间的推移，也在变得越来越精进，这使得"个人身份可识别信息"与"非个人身份可识别信息"之间的界限变得越来越松懈，难以识别。第四个方面，在对这两类信息进行区

别和分类时，在不同的情境下有不同的适用条件，应针对该情境进行具体分析。基于以上所述四个方面，将从"个人可识别信息"目前所面对的四重困境着手，详细地对其进行分析和描述。

### 5.3.1 身份的可追踪性与 IP 地址

如上所述，许多喜欢在网上冲浪的人认为，只要在打开网页浏览信息时隐藏自己的真实姓名，或者在网络上与他人交流时不评论他人的帖子等行为，注意对自己个人信息的保护，不留下能轻易识别个人信息的痕迹，那么他们这些网络行为大部分都是无迹可寻的，都不会被他人知道。然而，这只是表面上所展示出来的假象，这所谓的对自己身份的"完美匿名"，已经通过用户的网线将网络 IP 发送到了第三方手中。互联网上所谓的匿名，还不如一块面纱对于个人信息隐私的保护。[1]

人们在互联网进行"匿名"并没有意味着真实的实际上的不可被追踪，IP 技术的发展成功解决了被追踪性的问题。IP 地址是一种特定的标识物，每一台联网的电脑都拥有一个唯一的 IP 地址。网络时代从拨号上网到静态宽带上网，不断的技术进步让网络服务商能轻而易举地通过他人使用的具体的 IP 地址对应到使用的具体的人。在原先，互联网技术刚开始进入千家万户时，用户普遍采用拨号的方式上网，这种方式在连接互联网时，用户在不同的时间会被随机分配到不同的 IP 地址。因此，在同一天选择上网的不同用户，可能会被系统随机分配到使用同一个 IP 地址。随后，互联网技术发展到通过静态宽带上网的方式，而这种方式一般不会长时间的保存用户随机分配到的 IP 地址。因此，在这两种原先的连接互联网的方式中，第三方想利用用户的 IP 地址来辨识身份，可能性并不大。然而，现在普遍的连接互联网的方式都是宽带上网，用户都是通过固定的宽带账号和 DSL 连接网络，那么用户在浏览网页时，每一次使用的 IP 地址都是固定、没有改变的。当某一个固定的 IP 地址始终与该台电脑终端相连接，那么通过这个 IP 地址对该使用者的身份信息进行辨别不再是无法实现的，而且被辨识到身份的可能性非常大。

在进行网络浏览时实现对自己身份的完全藏匿只是人们在现实生活中的一种幻想。只要用户有互联网连接的行为发生，第三方就可以毫无阻碍地了解到用户的网

---

[1] Schawrz P M. Solove D. J, *The PII Problem: Privacy and a New Concept of PesonalIdnifuhile Iomatio*, New York Uiversity Law Review, vol. 86, issue. 6, 2011, p. 1837.

络 IP 地址，虽然当下的 IP 地址并没有与具体的用户相联系，然而该网页管理者只需要知道该 IP 地址和网络公司签订的协议，就可以得知该用户的真实身份。还有人认为，当人们身处在大集体即公司或是家庭中，就可以会有多个个体使用同一台电脑即同一个 IP 地址的情况，如此该 IP 地址就不能联系到这个具体的个人，但实际上，第三方是可以通过其他不同的方式来确定使用用户的，例如当家庭中某个成员或者公司里的某个工作人员在登录电子邮箱时输入了自己的用户名和自己设定的密码。仅通过这样的途径，第三方就可以分辨出是哪一个用户在这个时间段连接了网络。

以上的情形为用户签订了互联网服务协议时的 IP 信息获取，然而即使没有签订互联网服务协定，也可通过 IP 地址查询查明该网络用户的具体个人身份信息。看起来似乎是无信息的，实际上却在许多网页上留下了来源相同的数据，这样就可以自然而然地找到该用户的真实具体身份。[①] 科学家们举了一些例子来说明这个现象，当用户通过网络浏览不同的网页时，在这些网页上都留下了自己的浏览记录，这些记录会关联到用户的 IP 地址信息，同时，在少数情况下，用户需要填写自己的真实身份信息进行购买行为或是其他行为，而此时第三方只需要针对这个具体的 IP 地址的网页浏览记录和留下的身份信息，进行交叉对比验证，并且将对比结果放进之前已被识别的客户名单之中，用户的 IP 地址与用户真实姓名信息就可以被实际对应。实事求是地说，在发展飞速的互联网时代，人们要在网络上浏览的同时藏匿自己几乎是一件不太可能的事情。

### 5.3.2 数据信息的再次识别

以何种分辨指标对大数据时代的信息数据进行再次识别与判断，是一件说难不难、说易也不易的事情，"个人身份可识别信息"与"非个人身份可识别信息"应该用什么作为分水岭成为令人头疼的事项。信息大数据技术飞速发展到今天，从技术上而言，只需要将不同类别的"非个人身份可识别信息"集合，并用确定的标准将此类信息互相转化后，就可以被识别为不应被知晓的"个人身份可识别信息"。计算机科学家斯维尼（Latanya Sweeney）针对这个设定早先做过一次简单的实验，

---

① Malin B., Sweeney L., Newton E., *Trail Re-identification: Learning Who Your Arefrom Where You Have Been*, Carnegie Mellon University, Laboratory for International Data Privacy, ittsburgh, PA: March 2003., Tech Report No. LIDAP-WP12.

通过研究斯维尼发现只需要将用户的出生日期、邮编、性别三项内容整合到一起，就可以基本确认这个人的身份，并且检验成果的概率高达 87%。然而，该实验所需的三项信息的内容都不在传统意义上的"个人身份可识别信息"的范畴之内，都是普遍不会让自己感到隐私被侵犯的信息范围之内，也不属于私密信息或敏感信息的范畴。①

将"非个人身份可识别信息"在未经用户同意的情况下转化成"个人身份可识别信息"的情况是非常常见的。科学家沙马提科夫（Vitaly Shmatikov）和纳拉亚南（Arvind Narayanan）通过分析在线影视出租服务的网络后台，揭示了一个非常出人意料的结论，即就算网站使用者评价网站上的公用网络电影时，选择不公开自己的姓名，其具体的用户真实身份信息还是有可能被网络识别出来。②

通过这个案例可以了解到一个非常浅显的道理，就以 Netflix 为例，这是一家在全世界有名的电影在线观看的开放性网站，为了让公司的电影软件能够更加准确地预测用户需求，该公司向全部的社会公众开放网站的评价系统。只要用户在 Netflix 网站上曾经进行过评价电影的操作，网站的后台就可以在后台系统中辨别出具体用户的评价内容，即便该用户选择了不开放自己的姓名进行匿名评价，系统后台的工作人员也可以通过这个方式确定其身份。

当人们的信息被统统采集到一个后台时，那么这个人也就像一个"脱光衣服的"裸体状态呈现在第三方手中。信息被大量集合的后果，显而易见的就是引申出更多其他的"个人身份可识别信息"。在 Northwestern Memorial Hospital v. Ashcroft 案件中，波斯纳法官已经意识到，那些没有被识别的数据信息能够重新被识别。在这个案件之中，政府对法院提出了需要获取 45 名妇女的医疗记录的要求，并且政府承诺法院，对那些妇女的信息一定采取保密措施，将其信息进行再次编辑。并一再保证这些信息只用于医疗科学研究，绝不会有泄露的风险。波斯纳法官却认为，政府即使对这些信息小心谨慎地处理，但获取妇女信息行为本身就已经是对病人隐私的侵犯了。当其中有人认识这些妇女且这个人对于计算机领域的信息搜索有一定知识的掌握，那么这个人很有可能通过这些医疗记录，结合搜索工具中的数据进行分析，

① J Sweeney L., *Simple Demographics Often Identify People Uniquely*, CarnegieMellon University, Data Privacy Working paper 3, Pittburgh 2000, https：//wwrwswarchgat. netulicaion267716853＿ Simple＿ Demographics＿ Ofen Jdentify People ＿ Uniquely.

② Shmatikov V, Narayanan A., *Robust De-Anonynimization of Large Sparse Datases IEEE Symposium on Scurity and Privacy* 2008, Oakland, 18-22 May 2008, p. 111

从而筛选出这 45 名妇女。总而言之，搜索工具本身是没有情感的中性工具，只是通过数据连接不同来源的信息，这其中最关键的是工具的使用者本人，想要通过这些数据达成何种目的。

数据分析能够将不同种类、不同类别的信息交相融汇，就可以确定用户的真实个人身份。学者 Ohm 指出，计算机科学家早已展示出，他们能以令人惊讶的轻松方式，重新识别或去匿名化的操作匿名数据中的个人信息。在人们的认知中早已存在一个错误的观念，认为自己在现实生活中拥有的隐私保护，与自己想象中拥有的隐私保护是相对应的，而真实的情形却相去甚远，监管机构对这种情形关注甚少，令人感到惊讶的去匿名技术的发展是值得也是必须得到更多的关注的。[①]

### 5.3.3 技术变革与信息共享

早在 1977 年，美国的隐私保护研究委员会就已经提出了一个命题，即电脑技术及远程的交流技术在日常生活中的广泛运用与发展，带给人们现实生活的个人信息保存的困难度急剧增加，人们无法参与和真正的实际上掌控自己的私人信息，以及这些信息将会使用在什么方面的一些事项。[②] 在实际的状况中，"个人身份可识别信息" 与 "非个人身份可识别信息" 之间的界限并非一成不变的，这两者之间的界限伴随着技术的发展不断地发生变化。某些信息在现在的阶段是被认定为非个人身份可识别的信息，在技术或者伦理道德前进的未来可能转变成个人身份可识别信息。除此之外，个人信息在网络体系中普遍的存在和上下线记录系统的广泛存在及应用，是对个人数据的一种变相储存，同时也导致了个人被储存的信息在将来的某一天能重新被识别的重要原因。[③]

总而言之，一个暂时不能被识别的信息能否能够在未来转换变成可以被重新识别的信息，这取决于网络公司的技术发展。[④] 不同的看似没有联系的数据间通过计

---

① Ohm P., *Broken Promises of Privacy: Responding to the Surprising Failure of Anonymization*, UCLA Law Review, vol. 57, issue. 6, 2010, p. 1701.

② （美）保罗. M. 施瓦茨、（美）丹尼尔 J. 索洛韦伊. 隐私权和 "可以识别个人身份" 的信息 [M]. 黄淑芳译，广州：中山大学出版社，2014：464.

③ Schawrtz P. M., Solove D. J., *The PII Problem: Privacy and a New Concept of Personally Identifiable Information*, New York University Law Review, vol. 86, issue. 6, 2011, p. 1846.

④ *Protecting Consumer Privacy in an Era of Rapid Change: Recommendations for Business and Policy Makers*, Federal Trade Comission Report, March 26, 2012, p. 20.

算机可以发现其很多共同的元素，信息比对与交叉验证等技术的不断发展和更迭，高新技术的进步使得对于信息的再次识别变得比以前更加容易。这种类型的网络公司将那些未被识别的信息与那些已经被识别的信息放在一起对比分析，个人信息被他们获取将会变得越来越容易。

### 5.3.4 身份识别与具体情境分析

使用什么样的标准，判断"个人身份可识别信息"包含了一些什么内容？这件事情比想象中要难上许多。仅仅用抽象的语言文字对"个人身份可识别信息"下一个文字性的定义不是一个明智的选择。原因是当在不同的环境之中选择定义相同的个人信息时，可能会产生不同的性质。举例说明，当第三方通过引擎的搜索工具来查询用户的个人信息时，这些信息按理而言是属于"非个人身份可识别信息"的。但是，这些信息是否真实的属于"个人身份可识别信息"？是需要通过当下所处的具体的环境来对其进行综合考量。

大数据时代的信息化的发展，公众接触网络的机会越来越多，计算机后台对可识别信息收集也越来越厉害，识别的方法也变得逐渐先进。因此，当今社会，政府对个人信息保护的边界界定变得越来越模糊不清，保护范围变得越来越大，产生的问题也变得越来越多。[①] 在以前的定义中并不属于个人隐私信息的数据来源，因为通过对比与关联得到该使用者的个人名片。信息的性质是动态和流动的，无法脱离具体场景对其做抽象的界定。[②] 已经有很多这方面的专家指出，在大数据发展的情况下，绝对意义上的非个人信息已经不可能存在了。

## 5.4 社会风险治理中的数据应用

当前的社会面临着各种各样的风险，其产生的本质原因是人与人之间总会因为各种利益冲突而产生矛盾，不能和平共处。政府对于防控社会风险领域的个人信息与个人权利保护的关注十分重视，而该问题的提出，由个人权利纷争带来的社会稳

---

① 大数据白皮书 2014. 工业和信息化部电信研究院，2014 年 5 月.
② 范为. 大数据时代个人信息保护的新思路. [2015-11-20].

定威胁比其他领域所面临的也要大得多。而政府治理社会风险时，主要是关注公众的生命和财产安全的治理，风险所具有的事件不确定性和控制的灵活性使得政府在处理社会风险时，对该部门往往授予相较而言比较强大且宽泛的紧急权利。如何追求可持续的平衡和克制个人权利的减少与保障公共权力赋予，并不是简简单单地利用个人信息保护要求中的一般性规则就能解决的，要求政府认真对其做出探索与追求。

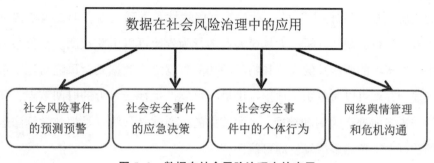

图 5-3  数据在社会风险治理中的应用

政府最早利用个人信息去维护社会稳定的安全领域防治即进行犯罪侦查和治安防控时，通常采用的方式是利用人口普查中登记的人口信息对犯罪行为进行一次摸底排查，这种侦查方式非常耗时和费力，也非常老旧，身份证件、违法犯罪记录及DNA数据是其直接来源。今天的犯罪侦查手段已经比以往先进许多，利用个人的电子轨迹来推断刑事侦查，是现代公安机关追击犯罪分子使用的较快速、便捷的方式方法。公安机关会利用车辆数据分析、网络数据碰撞分析、手机数据分析、视频数据分析、预警数据分析和虚拟数据分析等各种方式，方便快捷地确定嫌疑人身份、作案地点、抓捕时机、犯罪事实和进行犯罪预警。[1] 公安机关拥有海量的公众数据库的信息资源和先进的挖掘数据的技术支撑，具有针对性地锁定犯罪嫌疑人得天独厚的优势。通过这种方式的数据信息排查，可以实现迅速、客观、有数据实证地锁定犯罪嫌疑人，间接脱离往常无证据的主观观察和走访排查的侦查方式。大数据通过各种源头对海量的数据信息进行整合，公安机关可以根据这些有依据的数据支撑本身的犯罪防控和决策方案，而大数据的识别技术则为确认犯罪分子的精确身份提供了条件，并为准确的预测刑事案件的发展和走向提供了可能性。[2] 通过运用基于概率论的数理统计方法，可从众多因素中不断筛选出与犯罪存在较大概率联系的相

① 王羽佳. "大数据"时代背景下电子轨迹在侦查工作中的应用研究 [J]. 中国科技信息, 2016 (13).
② 蔡一军. 大数据驱动犯罪防控决策的风险防范与技术路径 [J]. 吉林大学社会科学学报, 2017 (3).

关因素，排除无关因素。[①]

### 5.4.1　社会风险事件的预测预警

社会风险事件的预测预警对于政府而言是举行重大活动时必要的危机预警机制。当正确使用个人信息时，政府就可以将之作用于社会风险事件的预测预警机制。从基本的浅层上看，"自然人"的行动是具有偶然性和不确定性，但是大数据可以帮助相关部门进行关联性分析，大规模人群的行为规律可以由此预测。在公共事件的处理中，对于可能所涉及的人群和物品的相关数据进行数据安全风险对比，再仔细分析其成因，就可以简单明了地挖掘出最有可能产生社会风险的时间节点，并对该事件的未来走向进行预测和揣摩。"大数据的核心就是预测，是把数学算法运用到海量的数据上来预测事情发生的可能性。"[②]

现今，人手一台的智能触屏手机、随处可见的视频监控和大量可以穿戴的高科技设备的逐渐普及，对一些可以被预见的集群行为的动态轨迹，进行动态收集和实时分析，已经真实的实践在现实之中。举例来说，在大型的集会之中，公务人员利用手机的定位消息实时监控某地的人员的流量数据，从而对该区域的人流流量变化和可能发生风险事件的概率、时间和区域进行预测。2014 年 12 月 31 日，上海外滩踩踏事件发生之后，百度研究院的大数据实验室，针对当时的具体情况回顾其数据流量，再继续进行数据化描述后发现，正常日子里的外滩地图搜索数量和该地的人群汇集程度有一个相对应的增长趋势，基本呈现稳定的状态。然而在 2014 年的跨年夜的夜晚，这两者的数量都不约而同的达到了该时期的峰值。这是因为大部分相约去外滩进行跨年的群众，普遍都会提前通过手机地图了解外滩地形，从而规划步行路线。因此，外滩地图搜索的请求量达到峰值的时间点会比实际上人群密度达到最高峰提前一段时间出现，这就为公共部门提供了宝贵的时间点，会出现多少密度的人流？何时采取什么措施？都是可以提前做好预案的。其实，北京早在 2010 年开始，就十分具有先见之明的在西单、什刹海风景区、大栅栏商业区和天安门广场等各个人群密集度较高的地方开启和使用了"人群聚集风险预警系统"，以便对流动

---

①　单勇. 犯罪热点成因：基于空间相关性的解释 [J]. 中国法学，2016（2）.

②　[英] 维克托·迈尔-舍恩伯格等. 大数据时代：生活、工作与思维的大变革 [M]. 盛杨燕、周涛译，杭州：浙江人民出版社，2013：16.

人群进行实时监控。

### 5.4.2 社会安全事件的应急决策

危机情境下的应急决策是考验公共管理部门管理能力高低的重要指标，同样，个人信息的收集对于处理社会安全事件有重大作用。在突发危机事件发生时，管理者需要迅速果断地对如何处理做出决策，而往往该决策命令会受到客观条件的约束，例如大局信息不完备，决策时间少等。通常情况下，这项决策的最终实现能依靠的仅仅只有公共管理的决策者在危难时刻表现出来的个人经验和素质的总结。然而，现代人工智能等大数据技术不断发展，让基于所有的数据的决策背景成了一种可能，以往依靠样本数据的决策成了历史。在处理应急事件决策的真实事件的实践中，由于大数据的理性分析，给决策者带来的信息增量，从很大程度上弥补了从前的由信息缺失而导致的决策困境。在该事件发生之后，大数据系统以风驰电掣的速度对无数实时但是缺少联系的个人信息进行快速分析，从而研究出这些信息之间的联系，最终得出该危机事件发生的原因及可能走向甚至是可能的后果。除此之外，大数据技术同样对于模拟一个危机事件有其显著的作用，当决策者决定出一个应急处理方案，大数据可以对其进行流程和结果模拟，从而对该应急预案进行动态优化，提高行政机关的决策效率。

### 5.4.3 社会安全事件中的个体行为

公众的个体行为是社会安全事件中制定预警机制的准则之一，而公众的个人信息包涵公众的基本信息，因此可被用于分析社会安全事件中的个体行为。社会安全事件有不同的分类和规模大小，当这些事件发生后，每个个体接收到事件发生的预警信号后，都会根据自己的理解对该事件做出预警行为，即每个个体的避灾模式不同。政府可以利用大数据，将不同的人群的各种各样的行为数据化。"每个人都有自己独特的行为模式，95%的人可以被识别。"

大数据时代，获取公众个体信息有三种途径，第一种是通过手机的定位系统与GPS等数据的被动获取来获得，基于此，可得出个体行动在避险时最趋向的地点。第二种是通过出行的活动日志来获得个人信息，这项手段属于主动获取信息的途径。

第三种是通过公众们在不同的社交网络上的登录情况对其个人信息进行预测，这属于半主动的获取方式。在这三种获得方式的基础上，后续只需要进行可视化分析就可以对个体的行为有一个大致的框架。

　　了解个体的行为模式之后，政府在社会安全事故发生之后，可以有针对性地设计出更加高效率的风险沟通策略。同时，还可以基于此，对因该事故受到较大影响的可能群体进行大规模避难、迁徙行为等难度较高的事件模拟，提前制定好其撤离路线，这对于优化公众的避开灾难能力和提高危机事件的预警应对能力有极大的帮助。

## 5.5　本章小结

　　总之，人工智能是非常复杂、深具革命性的高新科学技术，是人类文明史上前所未有的社会伦理试验。就人工智能目前的发展状况而论，理论上尚待更新，技术上亟待突破，应用领域有待拓展，人们的体验也极不充分，对于人工智能可能导致的数据安全风险还不宜过早地下结论。人类的一些既定的伦理原则和道德规范对于人工智能是否依然适用，需要进行开放地讨论，应该如何在人工智能极速发展的情境下，找到一个合适且安全的节点对公众的数据安全实施有效的防护，还需要探索有效的路径和方式。本章节仅针对该问题从社会风险理论出发，分析罗列了数据安全风险产生的来源、信息安全及隐私顾虑等因素，并概述了公共部门即政府部门面对人工智能时代的到来，利用个人信息整合可以发展的各个方向，将对我国合理利用大数据进行事务管理有实质性的帮助。

# 第六章 信息安全风险

　　计算机通信技术和智能式互联网络的出现，使得中国信息化建设进入前所未有的高速发展阶段，越来越多实业应用领域更加依赖于信息系统的稳定运行。然而，愈演愈烈的网络信息诈骗、虚假恶意信息传播等安全事件，彻底改变了传统安全威胁本质，开放、互联、复杂程度更高的人类社会面临着更多的信息安全风险。信息安全风险总体上可以分为自然信息风险和人为信息风险两个类型。自然信息风险是指自然环境对计算机网络设备及系统等安全的影响，主要表现为直接作用于系统中物理设施的破坏，由自然风险造成的破坏危害性大、影响范围广。人为信息风险则分为无意识和有意识两种，前者是由于管理和使用者的操作失误所造成的安全漏洞，如信息传送失误、系统操作失误等。有意识的人为信息安全风险是指某些组织或者个人，出于私人目的或利益直接破坏各种设备、窃取盗用价值性信息、制造并且散布病毒等。

　　在人工智能环境下，大数据所具有的快速处理、体量巨大、多源异构、真实准确、蕴含价值等特征，使得交互式虚拟网络成为人们获取信息的主要来源。[①] 但由于人类社会行为具有风险性特征，网络用户群通过社交媒体进行的违法犯罪、不良信息传播等危害安全行为时有发生。[②] 有意识的人为信息安全风险，成为系统信息安全风险防范中重点防护对象。针对这一现象，通过层次性的信息安全系统结构，对互联网中各类信息安全因素进行识别，进一步了解信息安全风险问题，成为当今社会风险防范中必不可少的环节。

---

　　① 夏一雪，兰月新. 大数据环境下群体性事件舆情信息风险管理研究 [J]. 电子政务，2016 (11)：31-39.

　　② 李青青. 社交媒体的信息风险类型与传播特征 [J]. 中国出版，2016 (04)：57-60.

## 6.1　信息安全风险：从概念到类型

### 6.1.1　信息安全发展阶段及概念界定

随着科学的不断创新，社会涌现出大量新技术并且引起了一系列变革，人类进入社会新阶段——信息社会。① 信息社会又称信息化社会，是指社会发展形式从以工业技术为主转变成为以信息技术为主。信息是社会科学技术发展到一定阶段的特定产物。体量巨大、多样化结构、爆发式传播并更新的信息数据，对未来社会发展的影响是双面的，给人类社会带来巨大利益的同时，以低成本、高速度的形式广泛流传于各种信息平台和载体的有误风险信息正逐渐演变成为一场越来越大的"信息安全风险"挑战。人工智能时代，脆弱性和复杂性交织的社会背景和信息环境，使得复杂且多元式的信息安全风险和技术发展相伴而生，并且借助智能网络惊人的传播速度、跨时空的传播特质波及和影响到社会的政治、文化、经济、生态等诸多方面。因此，正确认识人工智能和信息社会，正视信息安全风险的客观存在，是当前各界都必须重视的一个问题。

界定信息安全风险的前提是明确信息安全的发展历程及理论定义。信息安全经历了漫长的发展阶段，从某种意义上来讲，从人类开始进行信息交流时就涉及信息的安全问题。到目前为止，伴随着信息技术发展的多样化和复杂化，信息安全经历了通信保密、计算机安全、信息安全和信息保障四个时期，每个时期信息安全的重点和控制方式都存在一定的差别。②

1. 通信保密阶段（COMSEC）

该阶段开始于20世纪40年代，在1949年香农发表的《保密系统的信息理论》一书中，首次将密码学纳入科学研究的轨道。这一阶段由于信息技术还不发达，人们强调的只是信息的保密性，即确保通信的真实性以及防止非授权用户非法访问。因此，通信保密阶段的信息安全风险防范的重点是数据的机密性和完整性，通过加密技术防止信息泄露。

---

① 张学浪，赖风. 信息风险与"信息人"的伦理责任 [J]. 伦理学研究，2016（02）：82-87.
② 邱均平，唐晓波等. 信息安全概论 [M]. 北京：科学出版社，2010.

## 2. 计算机安全阶段（COMPUSEC）

进入 20 世纪 70 年代后，1977 年美国国家标准局公布的《国家数据加密标准》（DES）和 1985 年美国国防部公布的《可信计算机系统评估准则》（TCSEC）意味着信息安全跨入到新的计算机安全阶段。这一阶段由于半导体和集成电路技术的飞速进步，推动了计算机网络技术向实际应用化和规模化发展，人们对信息安全的要求延伸到更深层次的密码算法及其应用和信息系统安全模型及评价两个方面。

## 3. 信息安全阶段（INFOSEC）

20 世纪 90 年代以来，数字化信息技术促使计算机网络发展成为全天候、全球化、智能化的信息高速公路，人类对信息安全的关注从计算机转向信息本身，人类进入以保密性、完整性、可用性、可控性、抗抵赖性和审核性为目标的信息安全阶段。这一时期人们除了要求信息不被篡改和非法访问外，还要求必要的检测、记录和防御攻击等措施，其中最具有代表性的就是著名的公开密钥密码算法（RSA）。

## 4. 信息保障阶段（IA）

1996 年美国国防部提出信息保障概念："保护和防御信息及信息系统，确保其可用性、完整性、保密性、可鉴别性和不可否认性等特征。这些特征包括在信息系统的保护、检测、反应功能中，并提供信息系统的恢复功能。"人们对于信息安全的要求不再局限于信息的保护，而是开始研究计算机环境安全、边界安全、信息网络生存性等课题，信息安全进入信息保障阶段。此外，信息的安全也更加强调应用环境与目标的结合，而不是仅仅注重技术进步，追求适度风险的信息安全成为共识。

随着信息技术及其应用的发展，信息安全的内容从初期数据加密扩展到数据恢复和数据防御，其内涵已从物理与技术属性的"硬安全"向媒介属性的"软安全"延伸，信息安全的外延不断扩大。总的来说，信息安全本身所包含的范围越来越广，从防范个人对不良信息浏览到维护国家军事政治机密，信息安全风险防范已经成为时代的需要，构建动态性的信息安全体系更是成为现代趋势。因此，本书所探讨的信息安全是指信息网络中的数据不受偶然或者恶意的攻击、更改、破坏，系统正常运行并连续不断提供信息服务。[①] 根据信息安全以及安全风险的定义，国际标准组织（ISO）进而将信息安全风险定义为："是一个给定的威胁对信息资产的脆弱点进行攻击，并对整个组织造成伤害的一种潜在的可能性。"据此，本书从人工智能领域出发，基于所要讨论内容的基础上，强调个人、企业、国家层面的信息传输、应用

---

① 李剑，张然等. 信息安全概论 [M]. 北京：机械工业出版社，2009.

等安全相关问题，将人工智能的信息安全风险定义为：人工智能技术应用于信息传播以及人工智能产品和应用输出的信息内容安全问题。

### 6.1.2　信息安全风险类型

网络社交媒体作为人工智能时代下获取信息的重要平台，在信息互动中给人类社会生活带来便利的同时，不可避免地也会产生一系列信息安全风险。根据智能网络信息安全威胁和攻击的类型，最常见的信息安全风险主要有：垃圾信息泛滥、虚假信息传播、恶意信息传播、外来信息入侵、伪造信息盛行。

1. 垃圾信息泛滥

垃圾信息是指互联网络中现存的各种与道德、法律或者主流价值观相悖的信息内容，典型的有垃圾邮件、虚假广告和恶意低俗的娱乐信息等。最明显的几个表现就是网站广告信息的植入和电子邮箱垃圾消息侵入。互联网中许多网页运营商都会出于利益诉求，根据个性化智能推荐将各种用户可能会感兴趣的广告植入到窗口界面，极大地影响了正常的互联网使用环境。此外，一些引诱性广告点击进去后里面所呈现的黄色或者暴力信息，除标题与内容严重不符外还对网络环境造成了严重的污染。垃圾邮件成为互联网用户群最头疼的问题之一，反垃圾服务商 Brightmail 公司声称，每月帮助 3 亿用户处理的近 700 亿条信息中，50% 以上都是垃圾信息。[①] 垃圾广告、虚假消息已经开始逐渐步入强奸网络用户意愿的歧途，给信息接收者带来一定清理负担的同时也严重侵犯个人隐私。

2. 虚假信息传播

虚假信息是指被蓄意制造的、会对社会大众产生危害的、已经被证实有误的不实信息，包括谣言、伪科学、欺诈信息等。[②] 虚假信息传播行为是信息接收方对信息的反馈过程，是接收者在接收信息后情绪、行为的展现，它具体表现为对信息内容的点赞、转发、分享、评论等。因此一方面虚假信息的传播受到信息接收者的主观影响，另一方面虚假信息的内容是传播得以继续的关键，其可信度、共鸣性等都将影响传播行为。近些年来，网络空间具有高度的自由性，网络规范条约的实行受到限制。各种虚假信息未经过严格审核就借助社交媒体平台大肆传播，严重影响公

---

① 王振新，吴新年. 我国网络信息传播新环境风险分析及对策建议 [J]. 现代情报，2007（01）：47-51.
② 张卫东，栾碧雅，李松涛. 基于信息风险感知的网络虚假信息传播行为影响因素研究 [J/OL]. 情报理论与实践：1-15.

众正确认知且容易造成社会恐慌。

3. 恶意信息传播

恶意信息是指一些以恶意动机传播的具有严重破坏性的信息，其表现形式有计算机勒索病毒的传播、商业欺诈信息的传播、名誉侵犯信息传播等。如以邮件、网页挂马、程序木马等形式传播的勒索病毒，自2005年起就开始成为世界范围内流行性网络威胁。该病毒通过各种信息传播途径利用智能算法对用户文件进行加密，不法者依靠私钥进行勒索犯罪活动。据2016年国家信息公开统计，勒索病毒软件感染数量超过数据泄露事件，高达7694起。出于私人利益对公民个人或者组织进行网络诽谤和人身攻击的犯罪案件同样层出不穷，严重危害人类社会的健康稳定发展。

4. 外来信息入侵

高效能的智能互联网络普及将世界各国紧密联系在一起，信息的传播跨越了传统媒介信息传播的时间与空间障碍，使人类比任何时候都更加彻底地置身于同一个信息交流环境之中。世界各国都充分利用人工智能时代网络传播的优势，将传统的报纸、杂志与互联网相结合，使信息宣传触角蔓延到各地，从而提高自身文化影响力。信息全球化成为时代趋势的同时，外来差异文化和有害信息对本国社会也会产生一定的冲击和腐蚀，不利于国家的长远发展。

5. 伪造信息盛行

伪造信息是指通过人工智能获取模拟音源、图片、视频的数据特性，基于训练数据以及重构数据特性的基础上，生产符合要求的音频、视频、图片等内容，如笔记伪造、声音伪造、视频图像伪造等等。英国伦敦大学学院的科研工作者研发的用于笔迹伪造的智能算法，可以学习和仿造各种各样的笔迹，因此犯罪分子能够利用人工智能伪造出具有高相似度的法律和金融文件签名。谷歌的Wavenet可以通过收集和分析大量音频信息并提取相关音频特征，实现对不同人声音的模仿，因此音频在未来将不再是一个可信的证据来源。华盛顿大学的计算机科学家利用人工智能，通过收集网络上奥巴马演讲视频和照片，对其进行分析，掌握不同声音与嘴型之间的关联关系，成功伪造出奥巴马逼真的假视频。如今，各类数据伪造行为日益频繁，在很大程度上降低了社会信任度，甚至影响司法公正性。

### 6.1.3　信息安全风险特征

信息安全本身包括的范围很大，已经发展成为涉及管理、计算机科学、应用数学、网络技术、数论、密码技术等多种学科的复杂综合系统，面临的安全风险种类繁多，各种风险之间的相互关系错综复杂，具有以下特征：

### 1. 强人为性

与传统安全风险相比，信息安全风险最重要的导火索是自身。因出于私人利益而产生的恶意攻击是计算机网络系统信息安全的最大威胁，尤其是对社会公众、企事业单位的网络系统。当前信息安全风险最主要的表现，就是计算机病毒通过网页、文件下载和邮件发送等方式进行传播，使信息接收者遭遇勒索、诈骗等安全威胁。还因为用户安全意识的淡薄和匮乏，使网络信息传播所受约束变小，很多群众经常在不经意甚至被利用的情形下传播有误信息，舆情、虚假恶意等不良信息泛滥。

### 2. 多层次性

信息安全风险作用层面包括物理层、网络层、操作层、应用层和管理层，具有多层次性。物理层安全风险包括环境事故造成的设备损坏、电源故障导致的操作系统引导失败、电磁辐射可能造成的数据信息入侵等。网络层安全风险包括数据传输过程中的安全性、网络边界缺乏有力控制而产生的恶意攻击等。操作层面的安全风险是由于系统本身产生的安全漏洞而导致的安全隐患和风险，例如勒索病毒就是利用系统漏洞，通过网络迅速传播。应用层安全风险是指业务数据交互、信息服务、系统访问等重要应用服务，不可避免地受到来自网络的威胁、垃圾信息的入侵、病毒的破坏。管理层安全是信息安全得到保证的重要组成部分，权责不明、管理混乱、管理制度不健全以及缺乏可操作性等都可能引起管理安全风险。

### 3. 不确定性

信息安全风险的不确定性主要分为内部和外部的不确定性。内部不确定性表现在智能式网络的节点、连接边界的不确定性，如信息来源、线路传输等。外部不确定性则表现在智能网络外部的不确定性，如自然环境、政策环境、经济环境等。这些内部和外部的不确定导致了智能式互联网络运作过程的不确定，也导致了信息安全风险的客观存在。

### 4. 持续动态性

随着人工智能网络的不断发展，智能式互联网络构成要素在规模、数量以及类型上有动态变化。互联网络在满足信息内容传输交汇的基础上，也带来了信息篡改、入侵等方面风险。另外，由于网络的节点覆盖范围广泛，外部环境复杂多变，安全威胁事件不断发生，这些客观因素也都进一步增加了信息安全风险。

## 6.2 信息安全风险的生发逻辑

### 6.2.1 信息安全风险技术逻辑

人工智能技术能够储存大量用户群的信息数据并形成一个多维度智能数据库，使管理者对用户信息进行加工和深度运用，并且利用碎片化的信息生成个人完整画像，即所谓的"数字化人格"。[①] 在此基础上，社交媒体以智能算法为依托，根据用户浏览记录、交易信息等数据，对用户偏好、行为习惯进行分析和预测后生成个性化智能推荐内容。这也给了不法分子可乘之机，各种虚假垃圾、涉黄涉恐、违规言论等不良信息内容传播更加具有针对性和隐蔽性，信息传播扩大影响的同时被举报的可能性锐减。除此之外，人工智能技术在拥有充足训练数据的情况下，不仅可以伪造媲美原声的录音、合成以假乱真的图像，还能够基于二维图片合成三维模型修改视频内人物表情和嘴部动作。2018 年 2 月英国剑桥大学等发布的《人工智能的恶意使用：预测、预防和缓解》研究报告预测，未来通过合成语音和视频及多轮次对话的诈骗技术成为可能，基于人工智能的精准诈骗将使人们防不胜防。

人工智能技术的迅猛发展，深刻改变着信息生产方式和传播方式，改变着媒体格局和舆论生态。交互式网络营造了一个言论自由的公共领域，使得一些负面舆情、虚假恶意消息肆意传播蔓延，社会信息管控的压力陡增。[②] 与此同时，网络违法犯罪活动日益猖獗，国际性网络犯罪成为新的犯罪趋势，不利于社会稳定以及民众合法权益的维护。

### 6.2.2 信息安全风险的成因机制

从系统论的角度来说，信息系统是由相互作用、相互依存的若干部分组合而成以实现其功能，因此各部分之间的结合点往往是信息系统的脆弱点，也就是可能发生信息安全风险事件的成因机制。风险孕育在各种成因机制中，并伴随着智能技术

---

① 缪文升. 人工智能时代个人信息数据安全问题的法律规制 [J]. 广西社会科学, 2018 (09)：101-106.
② 张继春. 网络安全面临的风险挑战与战略应对 [J]. 前线, 2017 (05)：18-23.

的应用和升级而日趋复杂和隐匿。本节通过整理和归纳相关学者的研究成果，并考虑人工智能的时代背景，结合信息安全风险的特点以及现状，将信息安全风险成因机制划分为环境因素、技术因素、管理因素、人类行为因素四个类型。

（1）环境因素

互联网作为人工智能时代信息传递的媒介，信息传播活动过程中必然要受到一定规则的约束。在信息安全控制机制中，网络环境对于风险的防范具有支撑性作用，其中主要的环境因素包括网络基础设施、网络文化及政策和法律。

网络基础设施是支撑网络环境的基石，智能科技背景下各种 IT 技术发展速度惊人，对于当前网络设施的运载、运算能力都是不小的挑战。网络文化潜移默化地影响着人们的日常生活，影响着信息生成、信息截取、信息传播等每一个环节。与传统文化相比，大数据环境背景下的网络文化已经成为传播速度最快、影响力最广泛的文化形式。大量信息数据在网络空间传输的同时，往往会衍生一些负面影响。比如网络舆情的出现，很多互联网用户在获取某一事件大量信息后，容易被网络舆论风向所误导，产生盲目跟风的行为并且成为舆情传播中的一员。因此虚拟网络也必须像现实社会一样，形成良好的文化环境，提高网络使用人群素质，树立健康的网络信息文化环境。

相比于网络文化，对于信息安全起更大威慑作用的是相关政策和法律法规。政策法规具有强制性属性，能够通过推进一些针对性惩罚措施，遏制和打击网络信息犯罪行为，从而有效地推进信息安全风险防范工作。现阶段，我国关于信息安全方面的法律法规还不够完善，很多政策体系还存在漏洞，病毒入侵、人为破坏、舆情传播等威胁所造成的信息安全事件层出不穷。

（2）技术因素

科学技术带领人类从野蛮走向文明、从书信传播走向互联网时代。对于技术本身是否具有危害性而言，学术界热门的观点可以分成三类。第一类是认为技术本身不存在风险，并且即时技术产生了风险也可以通过未来的发展而消除。第二类认为技术是中立的，技术本身没有风险，但是在应用的过程中会产生风险。第三类则是认为技术风险是技术本质属性的表现之一。吉登斯提出："技术进步表现为积极力量，但它并不总是如此。科学技术的发展和风险问题息息相关。"也就是说人们在享受技术带来便利的同时，同样也在承受着科技进步所带来的风险危害。因此，本书将人工智能技术作为一个单独影响因素，揭示技术本身及其应用而导致的信息安全风险。

技术应用便捷化导致信息内容失真。从传统蜂窝式通信设备到现在随时随地收发消息的智能移动设备，科学技术的发展将无线宽带网络铺设到全球各地。庞大的技术支撑背后，信息传播速度迅捷、渠道多样，推动着人类社会联系更加紧密。与此同时，技术使用的便捷使工具拥有者能够自创发声平台成为生产者，如创建自媒体以"自平台"作为信息传播媒介，影响社会关注点和话题走势。正是由于技术的普及化，信息主体边界消失，使用者跃升为协同知识生产者，但由于网络法律法规的不完善、实名制落实不到位等原因导致信息自由化泛滥，各种恶意攻击、网络暴力、虚假信息传播等信息安全风险频发。

技术隐蔽性导致舆论信息安全偏离。移动互联网技术缔造了虚实跌宕的信息环境，社会大众通常可以利用网络随时随地进行虚实场景的转换。在虚拟的网络环境中，公众更普遍偏向于以隐匿的方式作为参与者，即使用者能够通过智能技术以虚拟的头像、名称、身份登录社交平台，并借助 IP 地址的流动性掩饰其真正的社会身份，从而随心所欲发表言论。其积极性在于能够推动社会舆论自由，有助于对官员腐败、教育失准等社会问题进行揭露与监督。但是技术隐蔽性也极容易使虚拟网络成为不良信息、谣言、消极情绪的发泄通道，偏离社会价值主旋律。

技术赋权导致信息入侵。信息技术的进步重新营造了平等、开放的新型信息传播结构，以"人"为中心的信息内容生产机制使得信息传播渠道更加开阔。但是技术赋权也放大了人的权利，出于私人利益突破伦理道德的桎梏，导致频繁的信息入侵风险产生。例如，媒体网页经常出现强制性浏览广告，甚至点击链接后会导致用户电脑遭受到病毒性攻击。移动媒体针对用户浏览记录生成个性化推荐，诈骗事件、勒索事件时常因此产生。

（3）管理因素

信息内容、信息系统和信息网络等都是重要的资产，越来越多的组织及其信息系统面临着计算机诈骗、勒索病毒入侵等安全风险。许多信息系统本身不是按照安全系统的要求来设计的，又因为公共和私人网络的互相连接以及信息资源的共享给实现访问控制增大了难度，仅仅依靠技术手段来实现信息安全风险的防控具有局限性，信息安全管理成为制约风险产生的因素之一。信息数据大量快速传播的人工智能时代，信息安全管理是提高网络安全系数行之有效的手段之一，然而不健全的管理体系不仅增加了管理成本，管理上的漏洞和缺陷也极大地增加信息安全风险产生的可能性。

由于信息网络系统的复杂性，要有经过良好培训的人员来进行信息安全的管理和监控，但是现有的安全人才往往分布在安全产品公司、学校和研究机构，远远不能满足社会安全人才的需要。专业人员的缺乏经常由于错误的配置使信息系统处于不安全状态，也就容易导致信息安全问题的产生。另外在智能网络信息安全管理建设这方面，社会公众并没有深刻意识到问题的严重性，这也就导致信息安全防范方面资金投入较少。比如把信息安全责任看作是网络技术部门及其技术人员的工作，而没有建立相应的"信息安全管理部门"。信息安全事件一旦发生，常常不能够及时得到解决，甚至使得信息安全问题衍生成为社会冲突事件。因此，本书将信息安全管理方面漏洞作为产生风险的影响因素之一。

（4）人类行为因素

在信息安全风险控制机制中，保护信息安全就是保障用户群的正当权益，因此系统安全管理的核心在于人类自身，网络使用群的各种不规范行为是信息安全问题产生的源头。人类行为因素对信息安全的影响主要是以下几个方面：

第一，人为的无意失误。如操作员安全配置不当造成的安全漏洞，用户意识不强或者用户口令选择不慎，将自己的账户信息暴露在公共网络环境从而对自己的账户安全构成威胁。[①] 第二，人为的恶意攻击。网络犯罪者经常通过病毒性信息的传播，瓦解网络安全防御并入侵用户主机，实施恶意勒索、信息诈骗活动。恶意攻击属于计算机犯罪，蓄意攻击者采用不同的方式方法来破坏信息环境的安全性和完整性。第三，软件的漏洞。任何软件都有存在漏洞的可能性，网络恶意攻击者会利用各种工具和媒介，寻找存在系统安全缺陷的主机，然后通过木马等形式入侵，将垃圾信息、恶意信息、病毒等输送给软件使用人群。

在智能信息数据传递活动中，如果使用人群不树立正确的信息安全意识，进行自我约束和规范，就无法构建信息安全思想的"防火墙"，也就无法从源头上降低风险发生的概率。

---

① 姜爱晓. 企业信息安全威胁与层次性解决方案 [J]. 工业技术经济, 2009, 28 (07): 28-31.

## 6.3 信息安全风险控制面临的挑战

在自媒体盛行的时代，信息脱离传统媒体的传播场域，转向交互程度更高的智能网络空间。在这种环境下，传统的信息传播生态被打破，微博、微信、BBS 论坛等社交媒体平台相继出现并迅速成为信息交流传递的主要渠道，为公众释放话语权提供了更加广阔的舆论空间。[①] 与此同时，信息的大量生成与传播也容易导致舆论负面态势的发展，进而引发社会恐慌和社会信息危机等问题。有效疏导网络社交信息传播对于信息安全风险的控制至关重要。因此，本节基于信息舆情的隐匿性、超时空性、虚拟性等特点，以 2018 年 10 月末重庆"万州公交车坠江事件"为例，探究智能网络时代信息安全风险控制面临的挑战。

2018 年 10 月 28 日上午 10 时 08 分，重庆万州一辆公交车与轿车相撞后坠江，事件发生后引起了社会各界普遍关注。事件爆发初期，各媒体网络平台争相进行报道，一些自媒体、微博大 V 将矛头直指轿车司机，诱发并引导大量网络群体对轿车司机的负面攻击性情绪。10 月 28 日 17 时 46 分"平安万州"官方微博公布立交桥监控视频，部分事实真相得以还原，舆论出现第一次反转。涉及负面舆论引导事件的自媒体等开始删帖道歉，网络舆情风向转为同情轿车司机与抨击公交车司机的两极化态势。11 月 2 日上午，政府召开新闻发布会，公布打捞到的公交车黑匣子数据，还原事件全部真相，网络舆论出现再一次反转。新一轮负面舆论情绪完全偏向殴打公交车司机的女乘客身上，人肉搜索和声讨女乘客等网络暴力发展局势愈演愈烈。中央级主流媒体发布多篇反思性文章后，该事件舆情态势才逐渐趋于理性。"万州公交车坠江事件"所引发出的社会戾气、网络暴力等负面舆情情绪，反映了信息数据大爆炸时代网络舆情肆意蔓延的现实状况，更是折射出信息安全风险实际控制所面临的巨大挑战。

### 6.3.1 信息构成复杂

互联式智能网络信息构成的复杂性，是由复杂多变的内外环境共同作用而形成

---

[①] 刘焕. 公共事件网络舆情偏差及影响因素研究述评 [J]. 情报杂志，2018，37（11）：96-102.

的结果。交互式数据查询技术、批量数据处理技术、流式数据处理技术等智能信息技术，使得信息发布越来越方便、快捷，催生出独特的网络亚文化圈，并呈现个性化、反主流化等趋势。信源是产生各类信息的实体，但是在现代智能技术背景下，信源给出的符号具有不确定性，各类信息发布难以溯源，从而导致当前网络中的海量信息庞杂无章，真假难辨，增长迅猛。

### 6.3.2　信息安全监管困难

近年来，跨时空的网络行为给信息溯源、监管等工作带来了诸多困难，发生在智能网络平台的信息安全事故日益增加。例如，一些违法分子通过境外设置服务器的途径，降低公安机关追责、打击、抓捕的可能性，以达到传播诈骗、低俗等非法信息内容的目的。目前，各职能部门对于网络信息安全的管理仍然落后于风险的发生，信息管理手段单一、实际工作衔接不够紧密、技术不够先进、资源缺乏整合协调、监控覆盖面狭小等问题，致使信息安全风险不能及时得到解决。群体传播的信息，必须经由把关后才能够进入各种信息传播渠道，也就是说信息受众所接收到的信息其实是经过筛选、过滤、加工后的产物。随着互联网技术向智能化、移动化、规模化、共享化、更高速化的方向发展，智能移动设备使用技术难度降低，公众发布和获取信息的方式更为简便和快捷。用户只需在后台编辑信息上传至前台展示即可的社交媒体平台自媒体原则，极大地弱化了信息传播把关环节，使得信息内容的传播只能够依靠举报、投诉等事后机制进行管控。这也就致使攻击者能够利用更加隐蔽的方式对用户进行渗透式传播，使得信息系统的不稳定性增强，信息安全风险的扩散性、突发性、弱感知性更加严重。

### 6.3.3　信息系统的脆弱性

智能网络技术最大的优势是开放性，因而导致网络技术具有的最大的一个特点就是"木桶效应"，无论多么完善的系统，只要其中一个环节出现错误，就有可能被恶意攻击者抓住漏洞进而破坏整个系统。现代化社会，任何国家任何行业都要依靠网络化信息管理，成千上万的网络节点、通信线缆、接入终端都有可能成为病毒信息入侵的渠道。因此对于信息安全防御方和攻击方来说，防御方需要购买大量设备、掌握多种安全防范技术、耗费巨大的人力财力资源来增强自身安全性。但是攻击方有一台接入网络的电脑、学习相应知识技术，就能够利用各种"病毒性信息资源"发动恶性攻击。信息安全风险战中防御的成本远远高于攻击方成本，防御方和攻击方的不对等性，导致信息安全风险频发。

### 6.3.4 信息传播的后真相性

当信息通过多种载体被传播至网络中的无数接受方，如果信息引起一定关注度后，会在很短的时间内，形成舆情。网络舆情的一般表现方式为公众在网络上发表的言论或是在网络上对各种消息的浏览行为，这其中会体现出大量的个人信息内容，是大数据来源的一部分。当前社会处于信息传播的"后真相时代（post-truth）"，个体对外部事件的判断建立在直接的感性情绪之上，只相信符合自己价值观的事实，这种事实是否是真相并不重要。借助于现代技术，事件的传播较之以往更具直观性、冲击性，技术导向下的真假信息更容易成为引爆舆情的触点，造成舆情的进一步升级，"后真相时代"舆情发酵的重要载体就是创新的现代技术。当社会安全事件发生后，舆情信息通过四种机制来生成。第一种是线上社会意见的表达，即为社会大众针对该事件在网络上发布自己了解到的信息、发表自身对该事件的看法。第二种是信息的扩散，当部分人群了解到该事件之后，会向另一部分对该事件不甚了解的人群进行扩散，这是源于公众对于事实的渴求。第三种是"众包"协作，这种方式是通过许多"数字志愿者"在网络上的活跃行动和协作来推动无序信息的共享、加工和整合。第四种是集体智能化，当不明真相的公众知晓该事件时，为了解其本质，在网络上对该事件进行搜索，通过一些碎片化的信息来拼凑出该事件的来龙去脉，形成推动问题解决的集体智能。

反之，管理部门又可以通过信息对网络舆情进行分析，可以解释在现代社会的无数传播媒体中隐藏的风险，提前对危机事件的风险感知做出预警，对危机的传播及时阻断。政府部门通过大数据可以透过舆情的表层看到公众真正对该事件关注的热点，为后续政府与公众之间形成良好的互动提供帮助。如果管理者不及时对这些舆情采取防控措施，很容易导致信息失控的现象发生。当网络出现虚假信息及谣言时，通过大数据追踪，采取针对性措施，可以及时切断谣言的来源及控制危机的发生。

### 6.3.5　网络群体极化性

"群体极化"一词最早是由美国传媒学者詹尼斯·斯托纳提出，意指群体内部经过讨论后形成的决策和意见更加偏激或保守。[①]"网络群体极化"作为一种特殊的网络舆情异化现象，是现实社会中"群体极化"现象在网络空间环境的延伸，具有明显的情绪化和非理性特征。[②] 在虚拟空间，人与人之间的交往呈现出隐匿性，极大地张扬了人的言论自由，使网络群体可以借助虚拟身份随心所欲地游弋在网络社会的各个角落。当某些激烈的言论信息或思想观念成为公共议题，通过极具煽动性的群体感染使意见达到高度一致时，就会突破正常临界点走向极端化。这种极端化容易导致信息网络的暴力倾向，引起虚拟社会道德情感失范，进而触发网络舆情危机，并最终可能诱发公共危机事件。

## 6.4　本章小结

大规模并行计算、大数据、深度学习算法和类脑芯片的发展，促使人工智能技术飞速发展。信息学、仿生学、计算机学等领域的技术突破均被运用到人工智能应用中，使得非传统的安全风险日益复杂化。本章首先从信息安全风险的基本理论概述出发，简要介绍了信息安全的发展阶段和信息安全风险的界定、类型及特征。其次在此基础上结合人工智能技术的发展，分析了信息安全风险的技术生发逻辑以及环境因素、技术因素、管理因素、人类行为因素四个成因机制。最后重点借助舆情案例，阐述了现阶段信息安全所面临的信息构成复杂、信息安全监管困难、信息系统脆弱、信息传播把关缺失、网络群体极化五大挑战。

---

① 王田. 从群体特征看网络群体极化的形成与消解——以新浪微博"东莞挺住"事件为例 [J]. 电子政务, 2017 (05): 61-74.

② 秦程节. 网络群体极化：风险、成因及其治理 [J]. 电子政务, 2017 (04): 49-57.

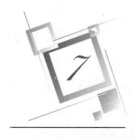

# 第七章　人工智能时代社会风险管理何以可能？

人工智能时代的社会风险涉及人类生活的方方面面，协调好技术创新和社会发展之间的关系需要科学的方法。社会风险管理是一个复杂的、动态的流程，是降低和控制风险的一系列程序，包括社会风险识别、社会风险估测、社会风险评价、选择社会风险管理技术、社会风险管理效果评价等。

## 7.1　人工智能风险管理：渐进性和目标性的过程

社会风险管理是一个不断发展变化的演变过程，是组织围绕社会的总体安全目标，在管理的不同环节中实施风险管理的基本流程，建立健全完善的风险管理体系，从而为实现风险管理的总体目标提供合理保证的过程和方法。

### 7.1.1　风险管理的演变过程

1. 古代风险管理的产生

人类本身是由自然界的不断发展而造就出来的物种，通过认识自然和改造自然日益成长为一个强大的社会聚集体。从人类出现开始，社会风险就随之而来。风险管理作为一种处理风险的活动，自古以来就在发挥作用，只不过采取的形式不同而已。

人类早期的风险管理意识的形成分为"人兽—人神—人类互助"的三阶段发展过程。在第一阶段，人类社会处于原始的未开化时期，由于生产力水平落后，在自然界面前，人类为了生存和发展，通过开发四肢的活动，开荒种地，生产食物，以应付可能的饥荒风险。人们为了预防动物猛兽的侵袭，防止自然灾难的侵害，通过制作各种工具、将房屋建造在山洞或高处，以对付外界危险。第二阶段，随着社会生产力的逐步提高，人类对工具的制造和使用，使人与兽的斗争不再是人类社会生活的难题，人们意识到安全的重要性，而自然灾害和疾病日益引起人们重视，成为这个阶段威胁人类安全的主要风险。第三阶段，人类在日常生活中发现，若要抵御风险，单纯地依靠个体很难达到目的，必须要依靠人类共济协作才能有效地与风险抗争，风险管理的互助思想由此而来。

### 2. 现代风险管理产生的背景

随着 18 世纪工业革命的出现，社会生产力得到了空前的发展，新技术、新工艺的普遍运用，使信息技术成为不同领域的主导力量，生产效率不断提高，群体级化加剧，不同于以往的新的社会风险危害开始出现。风险管理正式形成是在 20 世纪 60 年代，美国通用汽车公司的装置着火，给社会组织造成了巨大损失，这个事件惊动了各行业的重视，并成为风险科学发展的契机。到了 20 世纪 60 年代，风险管理作为一门新的管理科学，最先在美国正式形成。20 世纪 70 年代后，风险管理在世界范围内得到传播。在当代风险管理演变过程中，最有影响的风险管理形式是企业向保险公司购买保险，大多数现代风险管理形式就是从购买保险的实践中发展而来的。

### 3. 现代风险管理的内涵

现代风险管理包含着风险规避的基本理念，即运用管理手段，对风险所实施的指挥和控制协调活动，将未来的、不确定的事件转化为基本确定的、满意的事件。不同层级的组织有不同的风险管理态度，但是无论风险管理的方法如何，其目标都是为了实现社会安全。美国 COSO2004 年版发布的《企业风险管理——总体框架》认为："风险管理是一个流程，在一个实体进行战略决策和执行决策的过程中，由董事会、管理层和其他人员实施，旨在识别可能影响实体的潜在事件，管理风险，以使其处于该实体的风险容量之内，并为实体目标的实现提供合理保证。"ISO31000：2009 标准将"风险管理"定义为：一个采取的指挥和控制的协调活动。在人工智能背景下，现代风险管理变得更加复杂，也无法脱离开社会大环境的影响。

## 7.1.2 人工智能时代风险管理目标导向

人工智能时代社会风险管理目标是指风险管理所要达到的客观效果，即运用风险处理的各种科学方法，做到在损失发生前预防，损失发生后进行有效控制，以保证社会安全，增加社会效益。社会风险管理具体目标可以分为损失前目标和损失后目标。损失前目标是指通过风险管理消除和降低风险发生的可能性，为人们提供较安全的生产、生活环境；损失后目标是指通过风险管理在损失出现后及时采取措施，使个体或社会安全得以迅速恢复，或使受损领域得以迅速重建。

1. 损前目标

损前目标是社会风险发生之前，风险管理应达到的目标，它可以设定为在社会安全和技术安全之间的均衡，只有这样，才可以保证其总目标（即以最小损失使风险管理计划成本降低或者为零）。因此，如何使技术创新和安全程度达到平衡成了实现该目标的关键。这里，可以采用技术横向比较的办法。一般来说，技术行业之间存在着竞争，而新技术所面临的风险一旦发生，覆盖面就会很广，因此，社会风险管理目标的设定就具有一定的现实意义。通过对安全性的评估，就可以较为客观地判断风险管理方法是否科学合理。因此，首先应该保障社会安全水平，其次合理安排风险管理成本，使社会的风险管理达到安全的目标。

另一个损前目标是安全系数目标，也就是将风险控制在可承受的范围内。风险管理者必须使人们意识到风险的存在，而不是隐瞒风险，这样有利于人们提高安全意识，主动配合风险管理计划的实施。但是，当人们意识到周围潜在风险时，必然会感到焦虑不安。管理者不能正常发挥决策水准，瞻前顾后，使组织丧失许多良好的发展机会，劳动者也会整日惴惴不安，从而影响工作质量和工作效率。因此，风险管理者应给予人们足够的安全保障，以减轻公众对潜在损失的烦恼和忧虑。通过制订风险管理计划，也应在提高人们安全意识的同时，体现足够的安全保障。

风险并不是独立于社会之外的事物，它在技术创新的范畴之中，并受到各种各样伦理道德的制约。现代社会，人们的安全意识不断加强，越来越懂得如何捍卫自己的权利。因此，组织必须对自己的管理行为都加以合理性的审视。这样，不至于使全社会的安全受到损失。风险管理者必须密切关注与企业相关的各种法律法规，保证组织活动的合法性和合理性。社会的期待目标是个体安全和社会安全能够得以保障，除了组织自身之外，还有全体公众，都可能是人工智能技术的享有者，所以当智能化导致的损失严重时，甚至会使国家安全和社会安全蒙受损害。如果该政府管理者制定了良好的风险管理计划，通过控制、转移等方式使这种损失降低到可承受范围，那无疑是对社会的一种贡献。因此，技术拥有者的责任目标也是损前目标之一。

2. 损后目标

最完美的风险管理计划，也不能完全消除全部的社会风险，因此，确定损失发生后目标有其必要性。损后目标从最低的生存目标到最高的安全目标，风险管理成本也将随之不断上升。

当组织发生了重大损失后，它的首要目标是信任目标。因为只要公众对之保持一定的信任度，组织就能有恢复发展的希望和可能。因此，损失后风险管理第一目标是安全。损失事件如果对其中的某个要素产生了破坏作用，就会导致组织陷入两难境地。例如，一个组织因损失事件的发生而导致公信力全无，就很难再得到公众支持，如果组织因损失事件而失去公众，那么以后的社会治理将会遇到阻碍，同样，管理上的风险也会给组织的生存带来威胁。所以，组织的风险管理计划应充分考虑损失事件对生存要素的影响程度，将损失后组织的生存放在首要位置。

持续经营目标也是损后目标之一，是指不因为损失事件的发生而使组织生产经营活动中断。生产经营活动中断并不一定会导致组织破产，经过一定的时间，有的组织是可以恢复生产的，但是，组织的竞争者却可能利用这段空档时间抢走组织原有的市场份额，这样，发展的竞争者会给组织今后的生存发展带来威胁，因此，组织的风险管理者应尽可能在损失后保证组织运转的持续性。这里的持续有一定的相对性，也就是针对不同的组织，持续有不同的含义。比如，对于一些小的零售商店，在发生损失事件后，可以全力处理外部因素，等处理好相关的事情后，再继续工作。这样做并不会给组织带来很大的损失，也不一定会使组织失去效益。在这种情况下，持续的含义就不像上面所提及的那样严格。为了使组织在损失事件发生后能持续运转，作出科学的计划，第一，应分析组织的管理活动，看整个流程中哪几个环节是最不可以中断的，即找出关键环节；第二，分析组织所面临的风险，看哪些风险事件对关键环节具有破坏性，即找出最危险事件；第三，制定最危险事件发生的应付之策，筹足应付最危险事件的经济资源；第四，获利能力目标。组织发生损失后，管理者很关心的一个问题就是损失事件对组织获利能力的影响。一般来说，一个组织都会有一个最低报酬率, 它是判别一个投资项目是否可行的标准, 同样也是风险管理计划制定的标准。风险管理者必须把损失控制在一定范围内, 在这个范围内组织获利能力不会低于最低报酬率。

收益稳定目标。收益的稳定性对组织来说是极为重要的, 因为它可以帮助组织树立正常发展的良好形象, 增强投资者的投资信心。对大多数投资者来说, 一个收益稳定的组织要比高收益高风险的组织更具有吸引力。稳定的收益意味着组织的正常发展, 稳定的收益利于投资者对收支做出计划安排。为了达到收益稳定目标, 组织必须增加风险管理支出, 更多地使用保险及其他风险转移技术。虽然有许多风险处理方法, 如自留等, 它们的成本要比上述方法低得多, 但是为了能使损失发生后取得充分的补偿, 风险管理者不得不去选择那些高成本的风险处理方法。

发展目标。组织的生产、服务、运营在经济社会中都如 "逆水行舟, 不进则退"。现代社会竞争日益加剧, 组织只有不断地提高服务, 才能牢牢地吸引公众, 只有不断地开拓新市场, 才能在市场上占据领先地位。如果服务工作停滞不前, 在原有的业绩上徘徊, 那么竞争者就会通过实力扩张, 毫不留情地夺走它的顾客, 将它排挤出市场, 因此, 组织必须不断地发展, 以求获得永远的生存。但风险的存在, 成了组织发展潜在的阻力, 风险事故发生后, 带来的损失会给组织的发展带来极大的冲击。为了实现发展目标, 风险管理者必须建立高质量的风险管理计划, 及时有效地处理各种损失结果, 当损失发生后, 能迅速地取得补偿, 为组织继续发展创造良好的条件。

社会责任目标。如损前目标中所述, 组织及时有效地处理风险事故带来的损失, 减少损失所产生的不利影响, 可以减轻对国家经济的影响, 保护与相关的人员和经济组织的利益, 因而有利于组织承担社会责任, 树立良好的社会形象。

### 7.1.3 人工智能时代风险管理的基本程序

人工智能时代风险管理实际上就是最大限度地对社会所面临的风险做好充分的准备。当风险发生后, 按照预先的方案实施, 可将损失控制在最低限度。人工智能时代风险管理程序包括风险识别、风险估测、风险评价、选择风险管理技术和风险管理效果评价等五个方面的循环过程。

1. 风险识别

风险识别是风险管理的第一步, 也是风险管理的基础, 是指对尚未发生的、潜在的和客观存在的各种社会风险系统地、连续地进行识别和归类，并分析产生风险事故的原因。

2. 风险估测

在风险识别基础上，采用定量的方式测定风险可能的大小，估计风险发生的概率和损失幅度。

3. 风险评价

在风险识别和风险估测基础上，对风险发生的概率、损失程度，结合其他因素全面进行考虑，评估发生风险的原因及其危害程度，并与公认的安全指标相比较，以衡量风险的程度，并决定是否需要采取相应的措施。

4. 选择风险管理技术

人工智能本身就是新技术的引领者，但是要对其带来的风险进行管理，必须要选择合适的最优的管理技术，以应对社会风险的可能。

5. 风险管理效果评价

一旦社会风险发生，除了对风险进行应对以外，还需要对风险发生后各阶段处置工作的效果进行评价，包括对之前的几个阶段进行效估。

## 7.2　社会风险识别：可能的存在

### 7.2.1　风险识别的概念

由于人工智能技术主要被科技巨头所掌握，因此，以人工智能技术带来的风险识别主要是以社会风险识别为主。风险识别是指风险主体逐渐认识到自身存在哪些风险的过程。风险识别活动是将不确定性转变为明确的风险陈述，即组织对潜在的风险或将面临的风险进行分类和整理，并对其性质进行鉴定的过程。风险识别技术就是收集有关损失原因、危险因素及其损失等方面的技术。

风险识别的水平直接影响风险管理的效果，如果风险管理者能够敏感地意识到风险的真正根源，他就可能选择那些切中要害的控制型措施，如果风险识别的结果准确而全面，在此基础上所做的风险管理措施也就能够有的放矢，比较严密。

例如，许多组织的风险管理人员都采用风险链的思路来识别风险，将风险按照事物的发展顺序分为五个部分，即风险主体、风险主体所处的环境、风险主体和环境的相互作用、这种相互作用的结果和这种结果带来的后果。

组织进行风险评估活动过程包括：第一，在组织项目开展之前，对项目发生的节点和重要时期可能存在的风险进行识别，这些节点包括项目地点、范围、人员以及成本。第二，通常会采用三种风险识别的方式即风险检查表、定期会议和日常检查。第三，项目成员通过书面方式或口头进行会议交流。

分析风险即通过分类掌握风险产生的原因和条件，以及风险所具有的性质，在此基础上提供适当的风险管理对策。风险分析过程的活动是将风险陈述转变为按优先顺序排列的风险列表，其包括以下四个方面。

1. 确定风险的驱动因素。

2. 分析风险来源。风险来源是引起风险的根本原因。

3. 预测风险影响。

4. 将风险按照风险影响进行优先排序，优先级别最高的风险，其风险严重程度最大，应对级别高的风险优先处理。

## 7.2.2 风险识别的原则

风险识别过程是将不确定性转变为明确的风险陈述，即风险应对主体对人工智能所带来的潜在风险加以判断、归类、整理，并对风险的性质进行鉴定的过程。风险识别技术就是收集有关损失原因、危险因素及其损失暴露等方面信息的技术。

1. 全样与抽样相结合的原则

在对风险进行识别时，需要按照一定科学的思维方式，通过技术性的指标来进行判识。传统上，更多地采用抽样思维方式，来考察可能的、潜在的风险，抽样是指在全部待测对象中抽取一部分样品作为代表，将样品的特征作为全体的特征。在客观条件无法达到的情况下，抽样是得到较为正确结论的好方法。但是，由于抽样得出的样本始终无法代表全体对象的实际情况，有时候还会因为样本的不合适而得出错误的结论。因此，抽样是在无法测量全体数据时的权宜之计。但是人工智能时代，技术创新已经遍及到各个社会领域，单纯的抽样思维很难识别所有的风险，与抽样思维相对的是全样思维。随着技术的发展，大数据已经实现对全体数据的存储和分析，因此不再强调抽样而采用全样思维方式。① 而在对组织进行风险识别前，采用全样思维的方式，在面对组织可能存在的网络安全风险时，组织应该全面地了解各种网络安全风险存在和可能发生的概率以及损失的严重程度，以及影响网络安全因素和因风险的出现而导致的其他问题，从而制定相关的安全规定和应对策略。

2. 科学计算原则

正如前文所说，抽样只能代表全体对象的一部分特征，而且与抽取的样本质量有极大的关系，样本上的一点错误，都极有可能导致最终结论"失之毫厘，谬以千里"。因此，人们对抽样的数据十分谨慎，采用了各种统计方法来尽量减少误差，但误差只能减少，无法消除。大数据时代，用于分析和计算的是全体数据，不存在抽样带来的误差，当有极个别数据出现错误时也不会影响整体结论的正确性，这就是大数据的容错性。因此，组织在进行网络风险衡量时，考虑到数据的容错性，即个别数据带来的误差，采用科学合理的数学方式，进行统计和运算，利用大数据来衡量网络安全风险。

3. 相关性原则

大数据时代，人们不再追求精确的因果关系，而是追求发现数据间的相关关系，这种思维的转变符合实际情况。在现实生活中，有些数据之间不存在严格的因果关系，但确实是同时发生变化的，这就是相关关系。例如，公鸡打鸣和太阳升起就是最简单的相关关系。在数据世界中，人们利用大数据对未来进行科学预测，其实就是在无数的事实中提炼出数据之间的相关性。与原来严格的因果思维相比，相关思维的出现更符合大数据时代的风格——不必知道原因，只需知道可用。这对于大数据时代的人们来说，也是思维方式上的冲击。大数据思维正是新时代精准营销、智能营销的关键。通过大数据技术，组织可以把握公众的数据，而不是利用抽样的方式以一小部分公众的喜好推测所有人的倾向，不用担心收集到的数据是否有错误，也不用分析公众行为变化背后的直接原因，只需找出与其相关的现象就可以。有了大数据思维，通过精准服务和智能服务才能真正有效地把握住公众行为的动态变化。

大数据的发展不仅是技术的推进，更是思维方式的改变。现在的数据量比以往大很多，人们解决问题的思维方式和以往有所不同。大数据思维带来的思维方式转变使精准营销和智能营销成为可能，从而引发营销行业的颠覆性变革。因此，组织在进行网络安全风险评估时，要考虑到大数据之间的相关性，将风险与数据联系起

---

① 张泽谦. 人工智能：未来商业与场景落地实操［M］. 北京：人民邮电出版社，2019：41-42.

来，做好提前预警和防范风险的作用。

### 7.2.3 社会风险识别的程序

社会风险可以通过人工智能技术与大数据相结合，智能识别人类社会可能面临的威胁和挑战，并运用科学的计量统计方法来对风险程度进行分类，从而对社会风险控制的顺序和措施进行排序，以期达到减少损失和防范风险的作用。其具体程序包括以下三个方面：

1. 筛选。按一定的程序应用人工智能技术将具有潜在风险的网络产品、营销过程、事件、现象和人员进行分类选择的风险识别过程。

2. 监测。在网络安全风险出现后，应用人工智能技术对事件、过程、现象、后果进行观测、记录和分析的过程。

3. 诊断。用人工智能技术对风险及损失的前兆、风险后果与各种原因进行评价与判断，并进行深度学习，制定相关安全应对措施。

## 7.3 社会风险估测：概率和损失

### 7.3.1 风险估测的内涵

风险估测是风险管理的一个重要过程，是降低社会损失、保证社会安全的重要前提。ISO 17799 定义风险估测为"评估信息和信息处理设施所面临的威胁利用脆弱性发生的可能性以及他们相应的影响"。具体表述为"采用定性和定量的方法来估计或预测信息在产生、存储、传输等过程中发生保密性、完整性、可用性遭到破坏的概率及带来的风险后果"。[①] ISO 13335-1 中定义风险估测是"确定现有的资料或即将采用的安全措施是否可以防范和抵御风险，保护信息资源免遭侵害的过程，它包含发现可被威胁利用的脆弱性、攻击导致的损失和实施的安全防护措施，并对

---

① Information Technology-Security techniques-Code of practice for information security management, in ISO/IEC 17799. 2005.

拟采取的安全措施进行成本效益分析，使得安全投资少于攻击造成的预期损失。"①

因此，人工智能风险估测是指在主体人工智能风险识别的基础上，通过对所收集的数据和信息进行分析，运用定性与定量的方法，估计和预测人工智能风险发生的概率和损失程度的过程。通过风险估测计算出较为准确的损失概率，运用风险管理理论对人工智能风险进行事先预防和安排，能够降低风险的不确定性，使风险管理者了解到风险可能引发的后果，进而集中力量应对和解决损失后果严重的人工智能风险。风险估测不仅使风险管理建立在科学的基础上，而且使风险分析定量化，为风险管理者进行风险决策、选择最佳管理技术提供了科学依据。其具体内涵和意义表现在以下几点：

第一，通过估计和预测出比较精确的损失概率和危害程度，减少风险发生的不确定性，本质上就是降低了人工智能有可能带来的风险。

第二，对人工智能带来的风险后果进行较精准的估计和预测，使风险管理者有较大机会辨别出哪些风险事故一旦发生，就会给社会和人类带来灾难性后果，从而给风险管理者敲醒警钟，集中主要精力防范和应对这些人工智能风险。

第三，通过建立和分析人工智能风险后果和损失概率分布，为风险管理者进行人工智能技术相关决策提供了依据。

第四，通过对预测人工智能风险的损失概率和损失期望值的预测值，为人工智能风险定量评价提供了依据，也最终为人工智能技术风险决策提供了依据。

### 7.3.2　风险估测的过程和方法

1. 风险估测过程

（1）制定估测工作方案

主要工作是成立项目组，明确划分和规定项目组中的各个成员的工作责任，建立相应的组织机构，列明机构具体的工作要求和规章制度，编写风险估测方案等工作。

（2）收集和审阅资料

一是通过现场踏勘与人工智能技术研发、运营单位的接触、沟通，了解人工智

---

① ISO/IEC, Information technology-Guidelines for the management of IT Security-Part 1: Concepts and models for IT Security. ISO/IEC 13335-1: 1996.

能技术研发的缺陷和潜在风险;

二是分析查阅人工智能产品稳定性报告及相关支持性文件。

三是全面收集并认真审阅人工智能产品社稳评估相关资料,如:产品可研报告及其社会稳定分析报告,国家和地方相关法律、法规和政策、相关规划与标准规范等。

(3)补充开展风险调查

根据对项目社稳分析报告的审阅结果,结合产品实际使用的现实情况,补充开展风险调查,了解公众、专家、媒体对智能产品投入市场的舆论导向及影响。

(4)组织召开估测论证会

邀请人工智能、公共管理、哲学、伦理、医学、生物工程等方面专家,以及科学技术相关的各级政府和组织,针对智能技术和智能产品的可行性和潜在风险进行全面的风险估测,并且按照国家法律法规对智能技术的风险等级作出客观、公正的评判。

(5)编制估测报告

主要工作为依据上述分析和论证,编制人工智能技术估测报告初稿,并经专家审查论证后,形成人工智能风险估测报告最终版。

2. 评估方法

(1)专题座谈

运用头脑风暴法,广泛收集、整理政府相关职能部门和权威专家对人工智能技术和产品的意见。

(2)专家论证会

结合人工智能技术和产品的特点,邀请人工智能、公共管理、哲学、伦理、计算机科学等相关专业的专家,采用专家论证会形式,对人工智能潜在风险进行分析和论证。

(3)风险概率影响矩阵

根据矩阵能够直观地识别出人工智能技术潜在的风险危害性和程度,并且依照矩阵结果能够及时采取专业性和针对性的策略控制甚至是消除人工智能风险因素,减少人工智能风险可能产生更严重的危害。

(4)风险综合评价—风险指数

借助定量和定性分析,对于人工智能技术产生各种可能性和各种风险因素进行计算，确定各个因素的风险指数，进行综合分析和判断人工智能技术的风险程度，由此针对计算结果实施相应的防范和控制风险的策略。

3. 风险估测的要点

风险分析主体在对《人工智能风险分析报告》进行整体把握的基础上，为提高人工智能风险估测的客观性和功能性，应从多角度、全方位地对智能产品的开发和应用进行估测，具体涵盖了智能产品开发应用是否合理、合法，以及智能产品应用是否可行，同时论证其可控性。

第一，人工智能技术和产品的合法性。合法性包含的估测标准都是人工智能技术和产品在研发和应用过程中必须硬性遵守和严格符合的上层建筑，如国家有关法律、法规、制度、经济和社会发展规划及方针政策等。估测过程中需要严格对标，论证人工智能产品的符合性。对拟研发的人工智能技术和产品实施审批的相关部门应当在具备审批资格和能力的基础上对其管辖领域内的相关事宜实施合法审批。同时，估测论证的过程必须要坚持以国家政策为纲领，确保符合国家法律法规。

第二，人工智能技术和产品的合理性。衡量合理性的标准是以社会主义科学发展观要求为依据，估测和论证该人工智能产品投放市场对于人类社会的影响。如果将人工智能技术和产品的合法性视为前提，合理性可以视为底线，即在法规层面以外，该人工智能产品的研发和应用也不能够逾越合理性的相关要求，方可投入市场。具体而言，包括全世界所有人民群众的公共利益，包括对不同地域、不同民族、不同社会群体之间的利益需求及诉求的整体掌控和协调，包括对相关群体或群众实施透明的、公正的、合理的帮扶和救助。

第三，人工智能技术和产品的可行性。可行性的论证和估测是保证智能技术和产品顺利开展并达成最终目标的一个必要手段。论证估测的内容涵盖了人工智能技术的研发条件、研发方案、资金需求以及社会认可度等诸多方面。首先，人工智能产品研发应做好充分的前期技术准备，并选择相对合理的时机推进，确保具备成熟稳定的研发条件，避免出现技术缺陷引发社会风险。其次，规划和设计完善的智能产品研发和实施方案，并研究制定详细的潜在风险应对措施，为产品投放市场实施保驾护航。同时，还要兼顾社会公众对人工智能产品的认可度和支持度，在人工智能产品研发应用的各个阶段都必须密切关注和测量其资金需求和保障能力是否匹配，保证智能技术的长期有效的发展。

第四，人工智能技术和产品的可控性。人工智能产品在研发和应用过程中难免会遇到各种问题甚至障碍,其中有些是可以通过技术修正努力解决的问题,有的则可能触及社会安全及伦理问题,评估人工智能的可控性,即是提前测量其社会风险,以便于减小甚至提前避开了相关社会问题的发生。例如无人驾驶汽车肇事杀人等社会影响较大的社会安全问题,人工智能引发的失业问题等。以上行为都是引发社会风险的隐患因素,对这些因素进行论证和估测能够有效避免和控制人工智能社会风险。

## **7.4** 社会风险评价:指标和标准

### 7.4.1 社会安全风险评估标准

随着人工智能技术的飞速发展,数据互联以及信息化建设已经深入到社会各个具体的组织体系中,智能技术为社会信息传播带来高效率、低成本运作的同时,也使人类不得不面对前所未有的挑战。因此,将风险管理工作标准化不仅仅关系到国家社会安全,在保护集体性利益的同时也能够促进智能信息产业健康发展。

对于信息标准的研究始于 20 世纪 70 年代中期,以重点确保计算机系统软硬件及信息数据的机密性、完整性和可用性为主。1983 年美国国防部针对操作系统安全性评估标准发布了《可信计算机系统评估准则》,这项准则是历史上第一个针对安全评估的标准,对于信息技术领域具有里程碑的意义。随后国内外相关安全组织、政府相关部门针对日益突出的信息安全风险问题,开始制定适合本土化的信息安全标准。

1. 信息安全风险评估相关的国外标准

(1)《通过评估准则》

《通过评估准则》是由美国、加拿大、英国、法国、德国、荷兰六个国家于1996 年联合提出,并逐渐形成国际标准 ISO 15408,全称为"Common Criteria for Information Technology Security Evaluation"。该标准由三部分组成:简介部分,概述了信息安全评估的一般原理和一般评估模型;安全功能要求,采用标准化方法对评估目标建立明确的安全要求的部件功能集合;安全保证要求,对评估对象提出安全评价保证级别(EAL),级别从 EAL1—EAL7。该标准在定义信息产品和系统安全性的基本评估准则基础上，提出普遍认可的信息技术安全性结构，将安全要求划分为产品的规范、系统行为的安全及具体实施的要求三个部分。①

（2）《信息安全管理标准》

BS 7799《信息安全管理标准》是英国出于工业、商业、政府共同需求发展而制定的一个标准，分为 BS 7799-1《信息安全管理实施细则》和 BS 7799-2《信息安全管理体系规范》两个部分，目前已经成为世界上应用最广泛和最典型的信息安全管理标准。BS 7799-1 的全称是"Code of Practice for Information Security"，包括 10 个控制大项、36 个控制目标和 127 种控制措施，主要阐述了实施信息安全风险管理的方法、过程等有效性建议。BS 7799-2 的全称是"Information Security Management Specification"，提出了建立、实施和运行信息安全管理体系的一系列要求。

（3）《信息安全管理指南》

ISO 13355《信息安全管理指南》的最主要目的是就如何有效实施 IT 安全管理提出相应的建议和指南。该指南一共由五部分组成，分别为：基本概念与模型，概述信息技术安全及其管理的定义和部分模型；IT 安全的管理和计划，提出安全防护措施的实施、安全教育计划的开发、事件处置计划等信息安全管理要求；IT 安全技术管理，阐述风险管理、制度审核、安全事件分析等部分内容；防护的选择，主要讨论如何有针对性地选择安全防护措施去满足特定环境安全需求；网络安全管理指南，探讨怎么样保护连接网络部分的相关域。

2. 信息安全风险评估相关的国内标准

（1）《计算机信息系统安全保护等级划分准则》

GB17859-1999《计算机信息系统安全保护等级划分准则》，是计算机信息系统安全等级保护系列标准的核心。这一标准规定了用户自主保护级、系统审计保护级、安全标记保护级、结构化保护级、访问验证保护级五个计算机系统安全保护能力等级，能力随着安全保护等级的增高而逐渐增强。

（2）《信息安全技术 信息安全的风险评估规范》

2003 年，我国对开展信息安全风险评估工作提出了明确要求。国家信息中心正式成立课题研究小组，逐渐开展信息安全风险评估的研究工作。经过几年的学习、分析和研究，在 2006 年发布的《信息安全技术 信息安全风险评估》基础上，2007

---

① 李舸. 信息安全风险评估的漏洞分析及评估方法改进［D］. 重庆大学，2007.

年 11 月 1 日正式发布了 GB/T 20984-2007《信息安全技术 信息安全风险评估规范》。该规范将信息系统生命周期分为规划、设计、实施、运行和废弃五个阶段，针对不同的周期阶段提出不同的评估要求和建议。

### 7.4.2 风险评估指标体系的设计原则

风险评估的核心问题就是指标体系，用来衡量评估是否科学、合理，直接关系到风险评估的质量。为此，指标体系必须客观、全面、真实地反映影响信息安全的所有因素。因而，在构建评估指标体系过程中，必须遵循成熟、合理的设计原则。

1. 目的性原则

信息安全风险评估指标体系的设计应该紧紧围绕改进信息安全这一目标，围绕信息安全机密性、完整性和可用性层层展开，反映出最真实的目标实现程度，使最后的评价结果多方位、多角度地反映信息系统的安全水平。

2. 科学性原则

科学性是指构建社会风险评估指标体系时，必须遵循现代管理理论和现代风险评估理论。即从指标选取到逻辑结构，从测度内容到测度路径方法都必须要客观、准确，反映信息安全风险本质特征的同时，还要注意各指标变量之间的关系。

3. 全面性原则

社会风险评估指标体系，应该要涵盖智能信息系统的整个生命周期和作用层面，所搜集的信息从技术、基础设施、存取控制到系统、审计、人员、管理等多个方面广泛、全面、完整地对信息系统的安全风险状况进行评估。一般情况下，由于各种不可避免因素的影响，指标信息的采集可能无法保证全面和完整，但是最重要的信息评估点要确保没有疏漏。

4. 可操作性原则

社会风险评估指标设计的可操作性原则，是指选取指标时不能仅仅考虑微观数据的流畅性，还要考虑数据的真实性以及实际操作上的可实现性，确保指标之间相互独立的同时又能够进行测量与评估。也就是说，指标体系的设计应该有明确的判断标准。对于一些难以测度或者收集困难的无形间接的指标，应该尽可能的寻找替代指标，将抽象的概念换成可观测、可验证的信息安全风险评估指标。

5. 准确性原则

准确性原则要求指标体系建构时，信息收集的来源要正确、可靠。信息采集过程中必须对信息进行反复核查与检验，降低出现误差的概率。特别注意虚假信息和模糊信息的排除，否则评估结果会出现很大误差，不仅会使评估结果失去科学性和客观性，还会造成资源的浪费，给社会风险管理带来损失和祸患。

6. 系统性原则

现代管理学理论研究认为，组织本身就是一个具有高度开放性的社会技术体系，组织结构、内部管理、外部社会环境等因素之间相互联系、相互依存。社会风险评估指标体系本身就是一个结构体系，包含着众多理论知识和专业技术。因此，在选取指标时要将技术、环境、管理、人员等方面综合联系起来，筑构全方位、多层次的系统完备的评估指标体系。

7. 可比性原则

评估指标体系构建的目标是为了对所评估对象进行测量评价，因此指标的选取需要有可比较性。在指标选取时需要有一致性的统计方法或标准，确保指标评价时能够进行比较，只有这样评估指标体系才能进行实际的运用，才能使其具有现实性操作意义。

8. 时效性原则

信息技术具有时效性，从信息源发送信息后经过接收、加工传递、利用的时间间隔越短，信息使用就越及时，信息的价值也就越大。因此，对于社会风险评估来说，指标信息收集、传递、使用是否及时对于评估结果的准确性至关重要。此外，社会系统具有动态性，系统内环境、人员、管理等要素变化迅速，这也就要求风险捕捉和采集适应其动态发展变化，能够在第一时间反馈更新后的内容，为人工智能技术背景下社会风险评估提供动态性信息支撑基础。

9. 定量定性相结合原则

构建的社会风险评估指标要能够应用到不同的评估范围，即从单个的安全控制系统、网络到整个技术创新的基础设施。遵循定量和定性相结合的原则，可以利用反映实际数据及数量的客观定量指标和能够对未来进行预测的定性指标，对不同社会风险状况进行综合性评估，确保评估结果的科学性和准确性。

### 7.4.3　评估指标体系构建

人工智能系统是具有极大复杂性、关联性和协同性的系统工程，既具有内部影响又具有外部影响，各种影响因素相互制约、相互作用。因此，在综合考虑社会风险评估标准和评估原则的基础上，确立了环境风险、技术风险、管理风险、行为风险四个层面的评价指标，形成一个多目标层、多层次、多准则层的信息安全风险评估层级体系。

1. 环境风险指标

物理环境。即网络基础设施环境的正常运转和维护，是智能网络正常运行的前提基础。提前采取预防物理环境风险的措施，能够降低自然突发性事件所造成的损失，并且有效防止人为恶意性信息入侵风险。智能机器是信息系统重要设备，保持机器存放环境温湿度在一定合理范围，可以减少设备出现故障的概率。

风险文化认知。人工智能时代，信息数据高速传播、多功能社交媒体平台、规模庞大的用户群都使得网络文化对社会产生巨大的影响。大量信息数据交互式传输的同时，很多负面性衍生品相应而生。例如，用户通过互联网获取信息，无可避免地会受到接收信息的价值观念影响，很容易在不明信息真实性的情况下，被舆论所误导而产生跟风、进一步传播等行为，最终导致社会性安全问题的出现。

政策环境。与网络文化通过引导公众价值取向的方式不同，从完善风险管理政策法规的角度，设立法规制度来规范网络信息安全工作，使之更加具有强制性和实行力度。各个层面的网络信息监管部门，作为网络信息安全的监管者，也必须肩负相应的监管权力和责任，严格执行规章制度来维护信息环境的安全。

2. 技术风险指标

信息安全防控技术。防火墙、密钥管理、入侵检测访问控制、防拒绝服务攻击、网络隔离等等技术都是信息安全防控技术。这些技术都能够识别和处理恶意使用网络信息资源的行为，监控外部系统性入侵和内部操作不当，从而确保计算机系统的信息安全传输与配置。

系统开发与维护。应用软件在开发时因为存在种种缺陷和漏洞，在与多个其他应用系统连接时，会影响到整个信息网络的安全。这也就要求系统在开发、运行、维护的不同阶段，针对出现各种问题对系统进行安全设计，使其具有监控、系统管理、配置管理、版本管理等方面的能力。

系统备份与恢复。信息数据具有虚拟性，所以系统的备份与恢复具有现实意义。传统的备份和恢复只是将系统常规性操作业务记录复刻到机器设备中，系统出现故障时依然无法进行信息恢复和提取。现今，通过选取热点站、温点站、冷点站、第三方服务平台、电子仓库等路径选取相应系统备份和恢复的方式，可以跟踪信息的历史来源及其他情况，保证系统遭受病毒性攻击、信息强制性入侵等人为恶意破坏时，保证信息数据的安全。

3. 管理风险指标

信息安全管理制度建设。健全完善的信息安全管理规章制度，能够明确信息安全管理每一个环节内容的同时，监督管理人员的执行和落实情况。例如实施设备责任制，责任明确到个人，以减少由于随意更改操作系统和网络设置而出现的不必要风险。

人均信息安全管理投入比率。人均信息化管理投入比率是信息安全管理投入总费用除以管理人员总数。作为信息安全管理单位加大对信息管理投入力度，提高安全系统和办公水平，可以更高效地落实信息安全管理。

系统人力保障。高级信息安全管理人才以及高素质信息控制人才，都是解决现今面临的大量信息安全方面问题的关键。专注信息安全技能高素质人才培养，建设专业化安全管理队伍，才能够从容面对信息共享所带来的风险。

4. 行为风险指标

公众安全意识。安全意识作为人类生产活动中的一种警觉性，能够对社会安全的维护产生直接性影响。网络交互背景下，公众安全意识的培养和提升，可以有效避免公众恶意信息无意识传播行为的产生，降低偶然损害或破坏安全的风险性。

表 7-1 信息安全风险指标体系

| 一级指标 | 二级指标 | 三级指标 |
|---|---|---|
| 社会风险评估 | 环境风险指标 | 物理环境 |
| | | 风险文化认知 |
| | | 政策环境 |
| | 技术风险指标 | 信息安全防控技术 |
| | | 系统开发与维护 |
| | | 系统备份与恢复 |
| 社会风险评估 | 管理风险指标 | 风险管理制度建设 |
| | | 人均信息安全管理投入比率 |
| | | 系统人力保障 |
| | 行为风险指标 | 公众安全意识 |
| | | 公众技术能力 |

公众技术能力。人员的技术能力高低，直接反映到对信息安全风险的预防和处理能力。信息数据高速传播的智能时代，分散的互联网使用体系增加了信息安全管理工作的难度和成本。网络使用者具备较高的信息安全管理技能，自觉安装安全防护软件、及时启动安全防护中心、定期更新和升级安全软件等都能够利用技术来增强信息安全风险防控能力。

## 7.5 选择社会风险管理技术：定性和定量

为改变社会风险的状态、达到风险管理的目标及愿景，根据系统的风险评估体系识别出来的结果，运用合适的风险管理技术是起决定作用的一个环节。风险管理技术的选择原则，就是尽量避免某特定风险所致损失频率和损失程度相当高的情况。换句话说，当损失发生频率高并且损失程度大时，就应该选择避免风险。有关风险管理技术，从其作用针对的主体来看，可以分为控制型风险管理技术和财务型风险管理技术两大类型。一般来说，社会风险一定存在于人类社会的场域之中，故对技术分类做进一步的描述。

### 7.5.1 控制型风险管理技术

所谓控制型风险管理技术是指在全面分析和了解风险的基础上，对风险出现的影响因子进行干预和控制，在事物发展的过程中尽可能地减少风险发生的可能性、降低预期损失程度的管理技术。该技术的重点在于改变风险发生、灾难产生、损失扩大化的条件，在风险事件发生之前进行预防，在风险事件发生之后及时采取措施止损。控制型风险管理技术作用于风险的过程，对于风险是怎样形成的这个问题，如果不能给出比较好的解释和分析，是会对后期的风险管理干预造成一定的困扰的。由于风险管理源于保险领域，故研究风险致因理论可以从事故致因理论出发，目前来说，对风险（事故）影响比较大的理论有以下（表7-2）五种：

表 7-2　风险致因理论

| 理论 | 具体解释 |
| --- | --- |
| 事故频发倾向理论 | 组织工人中存在个别容易发生事故的、稳定的个人内在倾向，事故的发生跟个别事故频发者的存在有关。 |
| 多米诺骨牌理论 | 人的不安全行为和物的不安全状态组成事故发生、伤害产生的多米诺骨牌效应，想要终止连锁反应，就要抓住合适的机会抽离合适的"骨牌"。 |
| 能量意外释放理论 | 不正常、不希望的能量释放造成事故的发生，强调通过控制能量和控制传达能量到人或事物的载体来减少或抑制能量释放带来的损害。 |
| 系统安全理论 | 不相信事物的绝对安全性，强调注意安全盲区，注意总体的危险性的减低，通过改善事物的系统可靠性来提高复杂系统的安全性。 |
| 多因果关系理论 | 多种因素综合作用导致事故发生，不安全行为和不安全状态可能是导致事故的原因，但不是根本原因。要控制风险不仅限于物质性风险因素，而要着重于其根本原因。 |

根据以上的理论分析，控制型风险管理技术提出针对方法，包括以下三种：风险回避、风险预防和风险抑制。

1. 风险回避

风险回避是风险管理技术中较简单的一种，其主要的作用机制是风险主体试图回避风险发生的可能性，从风险的源头就掐断风险发生的导火索，放弃可能产生风险的活动或改用其他活动方式，这是一种直截了当的处理风险的办法，一般在某特定风险所致损失频率和损失程度相当高或处理风险的成本大于其产生的效益时采用。这种办法彻底而简单，但也是一种比较消极的办法，一是在避免风险的同时也失去了盈利的机会；二是以改变工作性质等方式避免风险，可能产生新的风险；三是有一些风险是根本无法回避的。

风险回避的方式适用于以下情况：损失频率和损失程度都比较大的特定风险；损失频率不高，损失程度严重而且无法得到补偿的风险；采取其他风险管理措施经济成本超过了这项活动可能存在的收益。

2. 风险预防

风险预防是事故发生之前，为了消除和降低造成损失产生的因素采用的处理风险的具体措施，其目标是消除或减少危险因素以降低损失发生的频率。由于其在事故发生之前发挥作用，用通俗一点的话来讲就是"防患于未然"。

风险预防措施是一种行动或安全设备装置，在损失发生前将引发事故的因素或环境进行隔离。如果把引发损失的诸多因素看作一条反应链，风险预防就是在反应触发之前，切断导致反应可能发生的导火索。

3. 风险抑制

风险抑制是指在损失发生时或损失发生之后为降低损失程度而采取的各项措施，它是处理风险的有效技术。一般而言，风险抑制在因风险损失幅度较大又无法避免和转移的情况下较为适用。按照实施性质，风险抑制可在物和人两个层面作干预，有以下两个方面作方法论的指导：工程物理法和人类行为法。前者以风险单位的物理性质为控制着眼点，后者则以人们的行为为控制着眼点。

## 7.5.2 财务型风险管理技术

由于受到种种因素的制约，人们不可能绝对预测准确发生的风险，并且防范风险的措施也有"自顾不及"的局限性，某些风险事故的损失后果无从避免。从这个意义上来讲，就要对发生的风险采取相应的补救措施。财务型风险管理技术是以提供基金的方式，降低发生损失的成本，即通过事故发生前的财务安排，来解除事故发生后给人们造成的经济困难和精神忧虑，为恢复组织，维持正常生活等提供财务支持。财务型风险管理技术主要包括以下方法：

1. 自留风险

自留风险，顾名思义就是指对风险的自我承担，是一种组织或单位自我承受风险损害后果的方法。自留风险是一种非常重要的财务型风险管理技术。自留风险有主动自留和被动自留之分。自留风险的成本低，方便有效，可减少潜在损失，节省费用。但自留风险有时会受到风险单位数量的限制或自我承受能力的限制，导致财务安排上的困难而失去作用，而无法实现其处理风险的效果。

2. 转移风险

转移风险是指一些单位或个人为避免承担损失，而有意识地将损失或与损失有关的财务后果转移给另一些单位或个人去承担的一种风险管理方式。转移风险又有财务型非保险转移和财务型保险转移两种方法。

（1）财务型非保险转移风险

财务型非保险转移风险是指单位或个人通过经济合同，将损失或与损失有关的财务后果，转移给另一些单位或个人去承担。

（2）财务型保险转移风险

财务型保险转移风险是指单位或个人通过订立保险合同，将其面临的财产风险、人身风险和责任风险等转移给保险人的一种风险管理技术。保险作为风险转移方式之一，有很多优越之处，是进行风险管理最有效的方法之一。

### 7.5.3　风险管理技术具体方法

风险管理的具体操作方法包括定性分析法和定量分析法。风险定性分析，往往带有较强的主观性，需要凭借分析者的经验和直觉，或者是以行业标准和惯例为风险各要素的大小或高低程度定性分级，主要包括头脑风暴法、德尔菲法、流程图分析法、风险评估系图法。风险定量分析是对构成风险的各个要素和潜在损失的水平赋予数值或货币金额，当度量风险的所有要素都被赋值，风险分析和评估过程与结果得以量化。定量分析比较客观，但对数据的要求较高，主要包括马尔可夫分析法、敏感性分析法、决策树法、统计推论法。同时，还有部分定性和定量分析方法，包括失效模式影响和危害度分析法、情景分析法、事件树分析法（图7-1）。

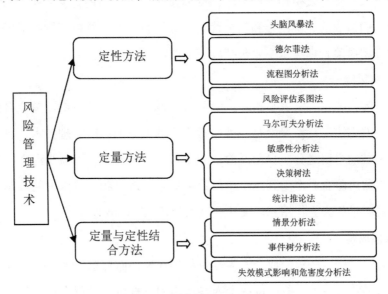

图7-1　风险管理技术方法

1. 风险管理技术的定性分析方法

（1）头脑风暴法

运用这种方法，参与风险评估和管理的人要聚在一起开会自由讨论关于风险等有关问题，并记下所有可能的问题和方法。头脑风暴法的优势是：激发想象力，有助于发现新的风险和全新的解决方案；让主要利益相关者参与其中，有助于进行全面沟通；速度较快并易于开展。其局限性是：参与者可能缺乏必要的技术和知识，无法提出有效的建议；相对松散，较难保证过程的全面性；可能出现特殊的小组情况，导致某些有重要观点的人保持沉默而其他人成为讨论的主角；实施成本较高，要求参与者有良好素质，这些因素是否满足会影响头脑风暴的实施效果。

（2）德尔菲法

这种方法采用通信的方式，专家小组征询成员意见，专家在给予意见的时候是匿名的、凭自己的意志来对事件进行分析评价。德尔菲法的优势是：更可能表达不受欢迎的想法；所有观点有相同权重；专家不必聚集，方便；广泛代表性。其局限性是：权威人士意见可能会影响他人意见；专家好面子，不愿意发表和他人不同的意见；自尊心作祟，不愿意修改自己原来不全面的意见；过程复杂，耗时长。

（3）流程图分析法

这种方法要求对流程的每个环节进行调查分析，并从中发现潜在风险，找出导火线，分析风险发生后对组织可能造成的损失。流程图分析法的优势是：清晰明了，易于操作，对流程复杂的更为适用；更好发现风险点，从而为防范风险提供支持。其局限性是：对专业性水平较高，一般人没法对这种方法进行操作。

（4）风险评估系图法

风险评估系图法要求根据影响和可能性制图，通过综合分析风险发生的可能性和组织产生的影响来为组织确定风险的优先顺序。其优势是：以图形的方式呈现结果，给人直观明了的感觉。但其局限性是：如需进一步探求风险原因，则显得过于简单，缺乏有效的经验证明和数据支持。

2. 风险管理技术的定量分析方法

（1）马尔可夫分析法

马尔可夫分析法围绕"状态"展开，且随机转移概率矩阵可用来描述状态间的转移，以便计算各种输出结果，适用于与现在状态相关，与以前状况无关的状况。其优势是能计算出具有维修能力和多重降级状态的系统的频率。其局限性是：未考虑状态的变动情况；将未来的状况独立于一切过去的状态，可能导致分析不准确；需要了解状态变化的各种概率；所需专业性较强，非专业人士难以看懂。

（2）敏感性分析法

该种方法适用于在不确定性因素较多的情况下，为风险分析指明方向。从众多不确定性因素中找出对投资项目经济效益指标有重要影响的敏感性因素，并分析、测算其对项目经济效益指标的影响程度和敏感性程度，进而判断项目承受风险能力的一种不确定性分析方法。敏感性分析有助于确定哪些风险对项目具有最大的潜在影响。它把所有其他不确定因素保持在基准值的条件下，考察项目的每项要素的不确定性对目标产生多大程度的影响；能为决策提供有价值的参考、为风险分析指明方向、为组织制定紧急预案。但也有比较明显的局限性，即数据的准确性不高，未考虑因素变动情况。

（3）决策树法

决策树法一般都是决策与投资决策相关的事件，是以图解的方式提出多种决策方案，然后从多种方案中选出最优方案。它的优点是：以图解的方式呈现比较清晰；能够计算出一种情形的最优路径。但是其具有一定的局限性：大的决策树可能过于复杂，不容易与其他人交流；另外还可能存在于过于简化环境的倾向。

（4）统计推论法

所谓统计推论法就是先收集数据，然后进行统计，建立数据模型，最后对其事件进行推论。很明显的优点是：在数据充足的情况下简单易行；结果准确度高。但其局限是：由于外部环境是不断变化的，无法准确预测，所以不一定适用于今天或未来；另外没有考虑事件的因果关系，使得外推结果可能出现较大偏差。

3. 风险管理技术的定性和定量相结合分析方法

（1）情景分析法

顾名思义，情景分析法就是对多种假设情景可能造成的后果进行分别分析，其落脚点就在于关注多种假设情形。优点是：能够对未来变化不大的情况做出比较精准的模拟结果。其局限是：对未来变化较大的情况，可能模拟结果会有偏差；数据的有效性和分析师的能力可能会存在问题，导致分析不准确；数据也可能具有随机性且缺乏理论基础，会出现不切实际的情况。

（2）事件树分析法

事件树分析法是对只有两种互斥结果的事件进行分析。优点是：以图形方式清晰显示初始事项之后的潜在情景以及缓解系统或功能成败产生的影响；可以说明事件中很烦琐的连锁反应；可以体现事件的顺序。局限是：在对所有潜在初始事项进行识别时，可能需要使用其他分析方法，因此可能错过一些重要的初始事项；事件树会缺少对延迟成功或恢复事项的分析；任何路径都取决于路径上以前分支点处发生的事项。

(3) 失效模式影响和危害度分析法

这种分析法要求先对故障进行分类,然后对故障进行评级,最后提交报告,核心就是针对危害事件或者发生故障的事件。其优点是:广泛适用于多种情形的失效模式;可以用可读性较强的形式表现出来;可以避免成本较大的设备改造。局限是:只能识别单个有效模式,无法同时识别多个失效模式;研究工作既浪费时间,成本又高。

## 7.6 社会风险管理效果评价:补充和评判

### 7.6.1 风险管理效果评价的内容

目前,我国对于人工智能风险识别、评估和管理,还处于比较初级的阶段。风险识别、风险评估以及风险管理的过程不是一次性就可以完成的,而是多次往复的循环上升的改善。风险管理效果的评价是对风险识别、风险评估、风险管理过程的一个补充,通过建立评价指标体系,构建科学客观评价程序,选取合适的效果评价方法,对于促进和完善风险管理系统有重要意义。

风险管理效果评价是分析和比较已实施的风险管理方法的结果与预期目标的契合程度,以此来评判风险管理方案的科学性、适应性和收益性。由于风险性质的可变性,人们对风险认识的阶段性以及风险管理技术处于不断完善之中,因此,需要对风险的识别、估测、评价及管理方法进行定期检查、修正,以保证风险管理方法适应变化了的新情况。所以,可以把风险管理视为一个周而复始、螺旋上升的管理过程。风险管理效益的大小取决于是否能以最小风险成本取得最大安全保障,同时还要考虑与整体管理目标是否一致以及具体实施的可能性、可操作性和有效性。风险管理效果就是获得安全保障与成本的比值,该比值越大,效益越好。

表7-3 风险管理效果评价内容

| 评价标准 | 具体内容 |
|---|---|
| 风险识别评价 | 风险识别的准确性、风险致因种类的全面性 |
| 风险评估评价 | 风险评估方法的准确性、合理性、科学性,风险评估标准的合理性、准确性,评估结果的准确性 |
| 风险管理过程评价 | 风险管理手段的合理性,风险管理手段操作的正确性,干扰风险管理的影响因子 |

## 7.6.2 风险管理效果评价程序步骤

为保证风险管理效果评价活动的有效开展,明确评价活动的程序和步骤是非常有必要的,经过经验整理,一个好的风险管理效果评价程序是由以下几个步骤组成的:

1. 成立评价主体

评价是一件比较客观的事情,其定位和方法都要具有客观性,因此成立一个独立于风险管理活动的主体是很有必要的。一般来说,就是建立一个风险管理评价小组,其主要成员因具有一些调研、统计及风险管理经验和素质,以开展后期的工作。风险管理评价小组的职责是领导、组织、协调风险管理效果的评估工作,包括评价工作计划的制定、评价指标体系的确定、调查问卷或收集数据的问卷或其他形式的设计、相关数据的统计工作、数据结果的整理和分析工作、评价报告的撰写工作、评价结果的呈现、意见的反馈等。

2. 确定评价项目

风险管理效果的评价是评价管理过程的有效性的工作,要清晰明了三个方面的事情:一是风险管理针对的对象是谁?即风险管理的客体。二是风险管理干预作用的有效性。从这一点出发,最好运用量化的方式,把未进行干预的结果和进行了干预的结果化成可以计算的数字,这样风险管理干预的有效性就简单明了。三是在确认干预有效之后,再确认由风险管理采取的干预措施是导致风险被成功干预还是降低。

评价的项目再具体细化就包括以下方面:风险识别是否全面、准确;风险评估方法是否满足当下风险管理的需要;风险管理的方案实施情况评价;风险管理实施前后事件风险状况的评价;风险管理对于当下事件的贡献等。

**3. 建立科学的评价指标体系**

评价小组要根据评价客体的实际情况与特点、风险管理的进展情况,建立一套客观的、适应于当前形势的、可操作性比较强的评价指标体系。制定评价指标要遵守科学性和可操作性的原则,是风险管理评价工作能够全面、客观地反映出风险管理的实施效果。而且风险一般来说造成的损失最直观的表现就是利益上的损失,经济指标可以作为一项比较重要的参考指标。

**4. 搜集资料、数据**

这是评价工作中一项非常重要的工作,评价工作是建立在资料搜集上的。这关系到风险管理评价结果的客观性和准确性。评估的数据和资料最好为小组搜集的一手资料,当有一些资料无法得到,只能查找以往的记录的时候,为保证数据的准确性,对于来历不明的数据要到相关部门进行核实,确保评价工作的科学性。

**5. 整理资料、数据**

对获得的资料、数据进行整理和统计。在整理的过程中,应该采用比较科学的整理方法和统计方法,尽量使计算结果不偏颇。另外,最好用多种方法进行计算以检验计算结果,保证结果的正确性。

**6. 比较分析**

利用对获取的数据进行分类统计的结果,与风险管理方案实施前的相关数据进行比较。如果是初次评价,则将统计结果与有关历史数据进行比较。如果统计数据优于前期数据,则说明风险管理的实施效果比较好;反之则说明风险管理的实施效果欠佳,要继续分析其中的原因和问题。

**7. 总结、反馈**

通过对统计结果的比较分析,得出影响风险管理效果的相关指标,结合这些指标撰写形成评价报告,将报告反馈给相关的管理层,为进一步修改和调整风险管理策略提出建设性的意见。

### 7.6.3 风险管理效果评价方法选择

人工智能风险管理效果评价应坚持成本效益原则,各种风险管理决策效果评价方法各有特点,密切联系,在风险管理效果的实际评价中,可以将各种方法有机地结合起来，对风险管理决策措施进行系统的分析和评价，才能达到评价风险管理决策的目的，具体方法主要有以下几种：

1. 资料搜集法

资料搜集是人工智能社会风险评价的重要基础工作，其质量与效率直接关系到风险管理决策评价报告的质量和评估进度，因而是风险管理决策效果评价的重要环节。搜集资料的方法有很多，以下是具有代表性的几种：

（1）专家意见法。有关评价人员通过听取专家意见来搜集资料的方法。运用该方法进行资料搜集的一般程序为：资料收集人员商订意见征询表，将所要了解的内容列于表中；将征询意见表分别送给所选择出的专家；资料收集人员将回收的意见征询表进行统计、汇总整理、分析，最后提出结论性意见。这种方法的优点是费用较低，可以在较短的时间内获得有益的信息。

（2）实地调查法。有关评价人员深入到实际中，通过现场考察，进而搜集资料的一种方法。如通过实地调查，对风险管理措施进行实地考察，与有关专业人员和设计该风险的有关人员进行交谈，获取到想要的信息。该办法的优点是收集的资料信息量大，真实可靠。

（3）抽样调查法。根据随机的原则，在全体调查对象中，随机选择其中的一部分进行调查，用部分调查到的资料推算出全体的一种调查方法。抽样调查法主要包括以下几种：简单随机抽样法、分层随机抽样法和分群随机抽样法。适用于总体的调查对象具有普遍性，特质性不那么明显的情况。

（4）专题调查法。通过召开专题调查会议的方式进行资料搜集的一种方法。通过召开有关人员参加会议，可以广泛地吸取风险管理中对某一问题的不同意见。这有利于克服片面性，例如，调查风险管理决策绩效的研究报告、风险管理决策成本对比的报告的专门分析，对于风险管理决策效果的评价具有重要意义。

2. 过程评价法

过程评价法是指将评价贯穿于风险管理措施计划、决策到实施各个环节的实际情况。在过程中发现风险管理中存在的问题，比较风险管理措施实施的各阶段和同时期风险管理目标，分析问题产生的原因，究其根本，进而进行风险管理决策效果评价。通过分析可以确定风险管理决策成败的关键因素，可以为以后的风险管理决策提供有益的借鉴。

3. 指标对比法

指标对比法是指通过对人工智能社会风险管理措施实施后的实际数据或实际情

况重新预测，同风险管理措施实施以前的实际数据或者实际情况进行比较的方法。例如，将人工智能社会风险管理措施实施后发生风险事故的实际损失同以往发生风险事故的实际损失进行对比，这样的比较差异可以发现风险管理的效果，也可以为未来的风险管理决策提供依据。

4. 因素分析法

因素分析法是指通过对影响人工智能社会风险管理措施实施后的各种技术指标进行分析，进而对风险管理决策效果进行评价的一种方法。风险管理决策效果评价的过程中，评价人员会将影响风险管理效果的各种因素加以剖析，寻找出社会风险主要的影响因素，并具体分析各影响因素对主要技术指标的影响程度。

# 第八章 人工智能时代社会风险
# 有效治理战略：逼近共识

"必然会出现这样的时代：那时哲学不仅是从其内在含义还是外在表现来看，都会和自己所处时代的现实世界发生联系并且相互作用。那时……它是文明的活的灵魂，哲学已成为世界的哲学，而世界也成为哲学的世界。"[①] 哲学离不开对现实世界的思考，事实上任何事物的产生和发展都来自现实世界，风险一直作为与人类共存的状态出现，人类对风险的理论性思考却是从人类社会进入现代性社会才逐渐开始。可以说，现代性社会发展造就了风险理论，[②] 但风险理论家们对风险的探讨并不是孤立的，而是将风险置于整个社会大环境下全面的分析和反思。同样，到了人工智能时代，整个社会面临着前所未有的未知风险。智能化技术是否能带来人与技术相互建构的新模式？如何构建一个良好的人工智能社会（good AI society）已经成为技术引领型国家共同考虑的事项，[③] 其实质就是达到机遇与风险的共识。人类对社会风险的分析和考察也应要全面、系统，制定科学合理的战略来应对社会风险的挑战，抓住时代赐予的机遇。

## 8.1 人工智能时代机遇与风险的共存

针对现代社会发展模式所带来的前景，风险社会理论持悲观态度。贝克认为，当代社会风险从根源上是一种"文明的风险"，而当代人类实际上是"生活在文明

---

① 马克思，恩格斯. 马克思恩格斯全集第一卷 [M]. 北京：人民出版社. 1956：121.

② 安东尼·吉登斯. 失控的世界 [M]. 南昌：江西人民出版社. 2001：22.

③ C. Cath& S. Wachter et a1. *Artificial Intelligence and "the Good Society"：The US，EU and UK Approach.* Science and Engineering Ethics，201%03-28. ［2018·01—04］https：//doi. org/10. 1007/s11948-017-9901-7.

的火山之上"，为了应对当前的"文明风险的全球化"，各个国家和地区已经形成一个"非自愿的风险共同体"。因而，社会风险的出现在某种程度上标志着一个新的时代形成，这个时代是由对风险的焦虑转为国家之间的联合。[①] 吉登斯也认为，风险的到来使得全世界已变成一个"失控的世界"，[②] 各式各样的风险加剧了社会的不稳定性，存在着巨大的隐患，现代社会发展模式好比在内部安装了一个危害巨大的"自杀装置"。

据 2017 年高德纳（Gartner）咨询公司的报告显示，人工智能在未来十年内将成为最具有颠覆性的技术，2018 年则是人工智能大众化应用的开始。短期来看机器学习、深度学习正处于发展的高峰期，未来 2～5 年就将成为主流应用技术。显然，人工智能的快速发展正在深刻影响人们社会生活，改变世界进程。人类的社会秩序也由一元秩序向三元秩序转变，这个过程虽然不是一蹴而就的。但对人类社会业已存在的网络安全、信息安全、数据安全、社会安全等潜在严峻的挑战则是无可置疑的。

在网络安全方面。随着人工智能的广泛应用，人工智能学习框架和组件存在安全漏洞风险，可引发一系列网络安全问题。网络安全涉及社会、经济、生活的方方面面，甚至会影响国家安全和国家发展。人们在享受网络带来便利的同时，病毒的涌入、黑客的攻击、间谍行为的发生和人为的错误操作等都给网络安全带来了巨大的威胁和冲击。因此，随着人工智能技术应用越来越广泛，国家更需要重视和强调技术的安全性，及时准确地采取恰当的防范策略，保障人工智能技术的信息安全，让科技走进生活，造福人类。

在信息安全方面。传统社会中，人际间的社交范围相对较小，私人信息的传播往往相对可控。但人工智能的出现，使得大量人类行为、情绪表达被数字化，并进行了模式的提取，使得对个人行为预测成为可能。个人信息越来越容易被采集，而且可能是在人们没有意识到的情况下，这些大量的数据，暴露了人类的隐私，极易通过数据挖掘技术辨识其中蕴含的个人信息，一旦用户的通信、住址、社交关系等个人隐私数据被不法之徒获取并进行利用，将直接威胁用户的安全，严重干扰人类正常的工作和生活。显然，人工智能技术的应用在一定程度上使得人类的隐私更加容易泄露，泄露渠道更多，泄露过程更快。如何保障个人信息安全，是一个亟待解

---

① 章国锋. 反思的现代化与风险社会——乌尔里希·贝克对西方现代化理论的研究 [J]. 马克思主义与现实，2006（01）：130-135.

② Giddens. *Runaway World* [M]. Profile Books，2002，06：35-40.

决的问题。

在数据安全方面。人工智能的核心是以大数据作为基础性架构进行建设的，而人工智能产业的可持续发展也需要借助大数据技术实施完成。智能机器人通过传感器与其环境进行数据交换并加以数据分析而获得自主性的能力。

但在大数据参与的环境下，数据流传输与使用过程中时常会引发数据泄露和个人隐私权受到侵犯等问题。例如，互联网技术的发展能够将收集和使用数据的频率与规模加速升级，很多互联网服务提供商利用行为跟踪（behavior tracking）技术抓取其网络用户浏览网页时留下的电子痕迹以获得用户使用信息，并把汇总整合后的数据擅自出售给第三方，购买数据的第三方可基于用户的行为信息制定有针对性的商业策略。看似高明的商业手段，却是以牺牲网络用户的个人信息和隐私为代价的。这些亟待解决的问题需要各国对现有法律制度给予足够的重视。

在社会安全方面。人类社会已经步入智能时代，跟前几次产业革命一样，人工智能时代的到来必定会对劳动力就业市场带来一定的冲击。但不同于前几次产业革命的是，智能时代将不再是冰冷的、死板的机器，而是变得智能化了，智能化则意味着这些机器和人之间存在着直接的竞争关系。许多就业岗位将会消失，与之对应的相关职业也将不复存在或者转型，就业市场日益分化，社会不平等也将会加剧。低端岗位的加速减少，将会造成中短期失业压力加大，冲击劳动力市场与传统就业管理体制，进而威胁到人们的劳动就业权利，对整个社会安全造成了一定的不稳定因素。

风险社会理论认为社会风险的出现实际上是现代社会发展的悖论，而要扭转这种趋势，寻求社会风险控制的出路是当前人类亟待解决的重要难题。在这方面，贝克的理论对社会风险的出路探寻具有启发性的意义。

第一，风险意识的启蒙。贝克强调新时期社会风险的出现主要原因在于人类不合理的行为方式和无节制的发展模式，因此，贝克在探索风险社会的出路时，一直强调要通过"启蒙"的方式从根源上扭转人类具有发展悖论的行为观念。贝克指出："由于现存社会的生产逻辑基本上是属于一种自我毁灭行为和掠夺行为，因而需要人类从多个角度多个方面思考和修正当代不合理的生产方式和消费方式"。[①] 可见，现代社会中社会风险已然成为公众熟知和争论的焦点问题，公众的风险意识逐

---

① 薛晓源，刘国良. 全球风险世界：现在与未来——德国著名社会学家、风险社会理论创始人乌尔里希·贝克教授访谈录 [J]. 马克思主义与现实，2005（01）：44-55.

渐强化，这在一定程度上显示人类对现代社会的发展模式日益有一种自觉的"反省"意识，这种意识必将推动社会变成一个富有哲理的反思性社会。在贝克看来，现代社会风险不确定性和复杂性助推了启蒙的觉醒，这种启蒙实际上是人类潜意识里"趋利避害"的本能思想，它是一种风险意识的启蒙，并非一个历史概念或者是某些观念，而是一个不断变换的过程，在这个动态过程中，批评、自我批评和人性反思起关键性作用。① 贝克充分认识到风险意识的重要性，明确而深刻地点明了未来一个极其重要的探寻方向，那就是以"人性"的角度去思考和探究社会风险问题和出路。因而，在人工智能时代，由于技术的复杂性和不确定性，加剧了社会风险。机器学习在应用于个人信息挖掘的同时加速了个人隐私的获取速度，信息内容合成技术的进步丰富了网络诈骗手段。针对利用人工智能技术的新型安全事件，需要培养公民的隐私保护意识和防诈骗能力，加强公民的安全防范风险意识。

第二，贝克关注"有组织的不负责任"，尤其是对其中的科技体制安排的研究。贝克认为，科技体制现存最关键的问题就是"科学理性"和"社会理性"之间存在巨大的鸿沟。科技的应用实践若缺乏法律的规范和道德的制约，极易引发巨大的风险后果。人工智能技术、核技术和基因技术等都隐藏着巨大的社会风险和科技风险。贝克强调，在风险时代，对科学权威性抱有质疑的态度是很有必要的，他说："破除科学的权威不是失败而是成功。"② 在人工智能时代，智能技术应用越广泛，越加剧了技术本身带来的不确定性，毫无疑问这种不确定性将会给社会带来巨大的风险，而围绕着科技展开的外部体制安排也会导向不同的目的和作用结果。由于人类认知的有限性，其对风险是否存在、发生概率大小和风险后果程度等认知存有比较大的偏差，通常解决这一问题的途径是引入专家系统。然而，在人工智能时代，掌握智能技术的专家和学者往往也会处于"经济人"的立场考量，做出有利于自己或者某一团队而危害全体社会的不合理选择，但常规的体制通常没有将这一点考虑进来。因此，贝克提出要深刻地思考和反省现存的体制模式，通过制度化的策略来使科技领域的开发和应用重新道德化和法制化。可见贝克的这一思想，其根本目的就是要重新弥合"科学理性"和"社会理性"的巨大鸿沟，使科技开发和应用要符合社会道德和法治的要求。

目前，各国都相继发布了人工智能规划，均从提高生产力和竞争力着手，以此

---

① 乌尔里希·贝克，刘宁宁，沈天霄. 风险社会政治学 [J]. 马克思主义与现实，2005（03）：42-46.
② 乌尔里希·贝克，刘宁宁，沈天霄. 风险社会政治学 [J]. 马克思主义与现实，2005（03）：42-46.

振兴国家经济发展。由此可见，人工智能将担负着撬动经济发展和产业进步的重要使命，在此过程中必然孕育着无限的机遇。

一是人工智能助推传统社会组织重放光彩。21 世纪在全球范围内，资本投入和劳动力增长的能力明显下降。这是两大推动生产力增长的传统杠杆，但在许多经济体中，资本投入和劳动力增长已经不能够维持过去几十年来稳步前进的势头，中国也不例外。中国经济增长态势明显放缓，单纯依赖扩大资本投入和劳动力规模的生产模式已经无法推动组织走向快速发展之路，也无力再维持经济的高速发展，因此必须将人工智能作为新兴的生产要素用于传统组织的改造升级，促进生产力的提高，从而推动传统组织焕发生机。

根据国际著名咨询公司埃森哲发布的 2017 年人工智能发展报告中，其中有一篇专门针对中国作的名为《人工智能如何驱动中国的经济增长》的报告指出，当 AI 被当作生产的新因素时，将大幅度地提高中国的生产力水平，预计到 2035 年，预估 AI 将促进中国的经济增长率上涨 1.6 个百分点。在行业研究中，信息和通信、制造业以及金融服务是三个有望在人工智能场景中实现最高年化 GVA 增速的行业，2035 年分别达到 4.8%、4.4% 和 4.3%。即便是教育和社会服务等生产力增长向来较慢的劳动密集型领域，也会分别大幅增长 1090 亿美元和 2160 亿美元。2018 年 6 月，我国的人工智能企业数量达 1011 家，位居世界第二，投融资占全球 60%。[①] 具体到行业的盈利能力，人工智能将带来前所未有的机会。在劳动密集型领域（例如批发和零售），人工智能可以对人类起到增强作用，提升人类的生产力，促使利润增长近 60%。在制造业等资本密集型行业，采用人工智能的机器将消除故障机器和闲置设备，实现回报率的不断增长，到 2035 年同样可以将利润大幅增加 39%。无论是哪个行业，现在都有很大的机会应用人工智能，并发明新的商业能力，从而实现增长、盈利和可持续发展。

另外据普华永道的相关报告，在人工智能的推动下，预计 2030 年全球生产总值（GDP）将增长 14%，这意味着至 2030 年人工智能将为世界经济贡献 15.7 万亿美元，超过中国与印度这两国目前的经济总量之和。通过分析 2016—2030 年由人工智能技术带动的经济增长数据得出一个规律：超过一半的经济增长得益于劳动生产力的提高，剩余部分的经济增长则受益于人工智能技术带来的居民消费需求的增长。

---

① 陈秋霖. 人口老龄化背景下人工智能的劳动力替代效应——基于跨国面板数据和中国省际面板数据的分析 [J]. 中国人口科学，2018（6）：30-42+126-127.

这两份报告都预示传统产业的升级为推动经济发展产生巨大影响力。

二是人工智能带动新兴产业蓬勃发展。战略性新兴产业预示着未来产业革命和科技革命的方向，是培育发展新技能，占据行业竞争优势的重要领域。人工智能的战略性新兴产业，主要涉及：模式识别、人脸识别、智能机器人、智能运载工具、智能终端、物联网基础器件，这是人工智能技术自身创造的新模式。

我国于 2017 年 7 月发布的《新一代人工智能发展规划》，是关于人工智能政策的顶层设计和战略规划，其中针对性地提出了"三步走"的阶段性发展任务，明确了未来中国人工智能产业的战略目标：预计到 2020 年要实现中国人工智能技术水平与世界先进水平同步，人工智能核心产业规模要达到 1500 亿元以上，激发相关产业规模高达 1 万亿元；预计到 2025 年，部分技术与应用达到世界领先水平，核心产业规模达到 4000 亿元以上，激发相关产业规模达到 5 万亿元以上；预计到 2030 年，技术与应用总体达到世界领先水平，核心产业规模达到 1 万亿元以上，激发相关产业规模达到 10 万亿元以上，这为未来新兴产业的发展与壮大提供了巨大的机遇。

三是人工智能推动新商业模式和新商业领域冉冉升起。商业智能化是未来最重要的发展趋势，因此无论对于传统行业，还是新兴产业而言，如何通过智能化和大数据提升组织的运营水平，并通过智能应用以及大数据挖掘、洞察并不断满足消费者的需求，将成为各行业领头羊的共同探索方向。目前比较可行的路径是：在现实应用需求和"互联网+"应用缺陷的双重压迫下搭载人工智能，以此形成"人工智能+金融"的新商业模式。新商业模式还需在新商业领域中进行规模化应用，如智能制造、智能农业、智能物流、智能交通、智能电网、智能医疗、智能金融、智能学习、智能家居、智能商务、智能城市，等等，从而推动人工智能在各行业中的应用，全面提升产业发展智能化水平，助力经济快速发展。

## 8.2 人工智能社会风险有效治理的发展战略

当前，全世界处于一个越来越智能化的社会体制中，以人工智能为主导的第四次工业革命在推动人类社会进步上起着不可磨灭的作用，然而，"每一种技术或科学的馈赠都有其黑暗面"。① 人类在享受人工智能技术带来极大便利的同时，也承担

---

① 尼葛洛庞帝. 数字化生存 [M]. 海口：海南出版社，1998：67.

着诸多隐藏的社会风险，比如：信息安全、网络安全、伦理风险等，一旦这些社会风险转化成现实，将会给人类文明带来难以弥补的后果。因此，在这个关键的时期，社会各个主体需要借助系统性的思维：全面规范和引导人工智能发展、全面加强技术监管及评估、全面构建伦理道德规范、全面完善相应的法律法规、全面开展宣传教育，简称"五个全面"发展战略，旨在最大限度地降低社会风险危害程度，将其控制在"可接受"的范围内。

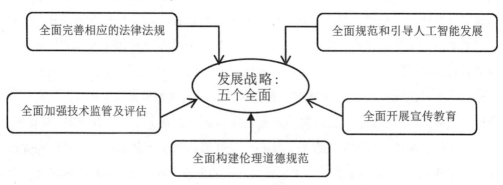

图 8-1　人工智能社会风险有效控制的发展战略图

### 8.2.1　全面规范和引导人工智能发展

人工智能快速整合所带来的国际挑战是全世界共同面临的问题，涉及全人类的福祉，因此需要依靠全球治理的分析框架，全面规范和引导人工智能发展。

第一，以主权国家和政府间国际组织为主导的多元化全球治理主体。人工智能全球治理需要主权国家与政府间国际组织发挥主导作用，其主要负责对人工智能涉及的国防、安全与人类发展相关事务的协调。同时要重视公民社团的作用，充分发挥以非政府组织为代表的全球市民的作用。这是因为，相对于主权国家来说，公民社团超越了狭隘的国家和民族利益的束缚，站在人类共同利益的立场上控制人工智能带来的影响。未来人工智能全球治理的主力与主要推动方可能来自知识精英和社会精英。

第二，加强人工智能全球治理制度建设，尽快达成人工智能全球治理的条约和协定。一方面，依托主权国家，成立对人工智能进行全球治理的组织机构，如人工智能国际协调与监管机构，负责在关键和敏感领域人工智能发展的治理；另一方面，也要发挥非政府组织的作用，加强人工智能伦理准则建设，力争在世界范围内形成一套系统的国际条约和协定，规范各主权国家人工智能的应用。同时，国际社会需要加强机器人伦理建设和社会安全等人工智能国际风险问题的研究，完善人工智能的国际法律法规研究，推进人工智能标准和安全标准的国际统一。

第三，加强观念构建，形成超越国家利益的主体间共识。充分发挥全球公民社团在推动全球治理主体间达成共识的作用。人工智能公民社团包括那些直接参与人工智能理论研究并了解人工智能未来效能的科学家，以及将人工智能进行商业化应用的商业精英等。他们通过自身努力，将人们对人工智能的讨论从技术领域扩展到安全风险方面，这些科学家和商业精英能够提高人们对人工智能在特殊领域应用的道德认知，让大众意识到人工智能可能对人类带来重大生存挑战。同时，这些科学家和商业精英也给政治家的相关决策带来一定的压力，限制他们在极端情况下选择使用类似人工智能武器等的可能性。

### 8.2.2 全面加强技术监管及评估

监管作为有组织的社会控制，通过组织行为"试图控制风险"。[①] 虽然技术进步是推动人工智能时代飞速发展的关键，但是对技术的应用却是人类社会必须要面对的核心问题。

第一，人工智能技术的健康发展离不开成熟的监管机制。风险只要出现，就必然会与责任主体相联系。人们可以向不同的主管机构求助，并要求它们负责，而这些机构则会表明"自己只是次要的参与者，不应该负主要责任"，实际上，根本无法查明到底由谁来为社会风险负责。[②] 随着人工智能技术的迅猛发展，应用领域日渐广泛，人类从人工智能技术中获得越来越多的好处，有些可能是暂时性，但人们是绝不会考虑到技术潜在的巨大风险后果。因而，在人工智能经历热潮冷却之后，人类需要以谨慎的态度来反思人工智能技术。目前，世界各国逐渐意识到这一问题并深化了人工智能监督机制。我国也在这一行列，国务院于2017年出台了《新一代人工智能发展规划》。规划明确指出，人工智能的监督机制要完全实现公开透明，将问责制度和应用监督制度有机结合起来，实现对人工智能技术开发和应用的全方位监督；加深人工智能领域的自律行为，对数据信息泄露、侵犯个人隐私等行为实

---

① Rothstein, H., and Baldwin, R. *The Government of Risk*. Oxford：Oxford University Press. 2001：3.
② 乌尔里希·贝克等著，路国林译. 自由与资本主义 [M]. 杭州：浙江人民出版社，2001：143.

施严厉的惩罚。① 从政府角度对人工智能行业和领域进行监管，有助于从根本上规范人工智能的发展原则，把握人工智能发展大方向。同时，人工智能技术开发和应用第一要义是必须要以人为本，发挥人的主导性地位，唯有如此，才能保障人民的利益，为人民谋福利；要从法律制度上来规范人工智能的开发和应用，形成组织化和体系化的道德规范和法律条文，使人工智能技术的各个应用领域都有法可依、按规行事，给人工智能监管机制的完善铺平道路；要明确责任归咎问题，清晰地区分人工智能研发阶段的应用阶段中各个主体所承担的责任和履行的义务。此外公众的监督尤为重要，广大的公众作为人工智能产品的直接使用者，对人工智能产品有着切实的深刻感受。因此，公众监督是检测政府监督机制是否落实到位的最有效和最直接的方式。对于人工智能的监督须做到以下三点：一是人工智能技术开发和应用必须要以人为本，不做危害人民利益的产品；二是人工智能产品在广泛投放市场前必须要严格的测算其合理性和合法性；三是人工智能产品规定要贴标签，明确标明使用者的年龄范围、产品说明和潜在的危害等。总而言之政府监督和公众监督有助于人工智能技术更健康的发展，减少不必要的社会风险。

第二，人工智能技术的健康发展离不开成熟的评估机制，贯穿于技术生产应用的各个阶段。首先，做好社会风险的事前评估和前置管理，实现风险控制的关口前移。明确规定安全技术准则和应用道德规范，以此为依据，在人工智能产品投放市场之前做好安全检测、道德审查和风险评估，快速准确地发现其潜藏的安全问题和道德争议的风险；将事前检查出具有高危风险的智能产品以"直接出局"的方式处理，对具有中低风险的智能产品尽力去修正，力求产品投放市场无缺陷、无争议、零风险。例如，美国《自动驾驶法案》（H. R. 3388-SELF DRIVE Act）② 明确要求自动驾驶系统的研发者要递交安全评估证书，阐明相关检测数据和结果，以证实自动驾驶系统是稳定、安全、可靠的。其次，做好社会风险的全过程监测，打造"无缝隙"的风险控制。在信息化系统的支撑下，人工智能产品的生产过程能够被全程追溯，各种生产数据也是真实、透明的，可以轻松地实现数据查询和监管。通过对算法设计、产品研发、实际应用的多个环节进行监测、评估、社会监督，发现人工智能产品存在的问题并且及时纠正，确保产品稳定投入市场以及使用者的安全使用。

---

① 杨姣姣. 实现对人工智能全流程监管：加大数据滥用侵犯隐私惩戒力度［N］.法制日报—法制网，2017-7-20.

② The U. S Congress, H. R. 3388-SELF DRIVE Act, 2017-09-07, https：//www. congress. gov/bill/115th-congress/house-bill/3388.

例如，人工智能领域的第三方研究机构 AI Now① 强调政府和组织要全过程监督和评估人工智能技术的开发和应用，不仅要在产品广泛应用前进行反复的预发布检测以纠正技术失误和偏差，还要在产品投放市场之后继续监测和评估其使用情况以规避潜藏的风险。最后，做好社会风险的事后处理和风险评估，形成风险控制的良性循环。人工智能的社会风险一旦形成，必须要进行事后追责处理、赔偿救济、整改治理，挽回损失：一是对使用人工智能产品的受害者进行合理的赔偿，稳定社会秩序；二是对人工智能产品的研发者和运营者进行追责，规范相关人员的安全行为；三是对人工智能领域进行整改，完善法律条文，制定相关政策，从根源上防治社会风险的再次发生。例如，《欧盟通用数据保护条例》明文规定，严厉惩治隐私泄露的违法行为，依法对其进行追责，并对受害者设定了相应的补偿标准。

### 8.2.3 全面构建伦理道德规范

鉴于人工智能所导致的伦理道德问题，国际社会正在积极行动起来，如欧洲发布了《机器人伦理学路线图》，韩国政府制定了《机器人伦理章程》，日本人工智能学会内部设置了伦理委员会，谷歌公司也设立了"人工智能研究伦理委员会"。必须对问题有清醒的认识，采取有效的措施，努力寻求共识，主动引导发展。

第一，要加强道德主体建设。道德主体是指有道德责任、道德权利和义务意识的自然人。伦理道德是属于人的范畴，只要人心之中还存在恶念和贪欲，就不可能杜绝恶行。由于人工智能的复杂性、后果的难以预测性以及应用过程中可能存在的风险，因而相关责任人强化自己的道德感，明确自己的道德权利和责任，采取审慎、合理的行动，是人工智能健康发展的必要条件。在人工智能的研发、应用、管理过程中，加强道德主体建设，主要是唤醒相关决策者、管理者、科学家、工程师、用户等的道德意识，通过自省、自律和"慎独"，自觉认同、遵循相应的价值原则和道德规范，努力运用人工智能造福他人和社会，并时刻警惕人工智能的负面效应危害社会。虽然目前人工智能还不具备成为"完全的道德主体"的基础物理条件，但未来是否会成为"完全的道德主体"，是一个有争议的话题。即使今后人工智能获得突破性发展，超级智能具有自主思考和行为的能力，它也必须认同、遵循人类的伦理原则和道德规范，并一直处于人机交互状态，不拒绝接受人类的指令。

---

① AI Now, AI Now 2017 Report, 2017-07-10, https：//ainowinstitute. org/AI_ Now_ 2017_ Report. pdf.

第二，要建立有效的风险预警、处置机制和公开透明的人工智能监管体系，切实遵守底线伦理，履行基本的社会责任，不能为了赚取利润而为所欲为。成立有处置权限的国际协调组织，加强智能终端异化和安全监督等问题研究，储备应对技术方案，共同应对全球性挑战。对于数据滥用、侵犯个人隐私、故意伤害他人、窃取他人财物、监管失责等违背伦理道德的行为，运用道德谴责、利益调控与法律制裁相结合的综合手段，加大惩处力度，真正形成"善有善报，恶有恶报"的良性机制。

人工智能是非常复杂、深具革命性的高新科学技术，是人类文明史上前所未有的社会伦理试验。就人工智能目前的发展状况而论，理念上尚待更新，技术上亟待突破，应用领域有待拓展，应用后果尚待预测，人们的体验也极不充分，对于人工智能可能导致的伦理后果，还不宜过早地下结论。人类的一些既定的伦理原则和道德规范对于人工智能是否依然适用，需要开放地进行讨论，应该如何对人工智能进行技术管理和道德规范，还需要探索有效的路径和方式。因此，关于人工智能的伦理道德建设必然是一个漫长的历史过程，那种急功近利、期待毕其功于一役的做法显然是有害的。

由于人工智能的发展如同一匹脱缰的野马，充满了不确定性，更是充满了风险，隐藏着人类可能承担不了的代价，因此人们不能坐等，听之任之，无所作为。必须加强对人工智能的探索，跟踪人工智能的技术创新，了解人工智能的发展趋势，促进人工智能运用于实践，善于用人工智能服务人类，增进人类的福祉。更重要的，必须居安思危，未雨绸缪，对人工智能进行大胆前瞻和彻底反思，谨慎地进行价值评估和决策，提出不可逾越的"底线伦理"，分阶段采取合理可行的对策，逐步积累控制人工智能的经验和技术，逐步塑造人机合作、人机一体的伦理新秩序。

## 8.2.4　全面完善相应的法律法规

法律作为保障经济、政治、社会生活正常运转的有效载体，毫无疑问对规避风险有着极其重要的作用。美国技术风险研究学者苏珊·L.卡特曾提出："在大多风险管理理论中，无论是地区层面还是国家层面的风险，立法这一途径都是防范风险的重要举措。"① 因此，立法机关完全可以通过法律措施来促使一些道德规范法制化，借助法律独有的强制性来引导科学技术研发和应用中的行为，严惩技术研发和实施主体的越轨行为，对相关主体形成一种威慑力，进而规避或减少人工智能技术给社会造成的潜在风险和灾难性损失。

第一，推进个人信息保护法律法规建设。

目前，我国公民的个人信息法律法规建设存在许多不足，推进个人信息保护法律法规建设需要从立法和司法两个层面展开，并形成多元的监管机制，构筑完整的法律法规保护链条，确立便利可行的司法途径。在立法过程中，需要立足公民在个人信息所遭受的不法侵害的各类事实，对不法侵害行为进行定义、预防以及制定切实可行的惩罚机制，树立法律权威。在司法过程中，建立畅通有序的公民个人维护权益的司法救济渠道，提高违法行为的成本代价，对侵害公民个人信息的违法犯罪行为进行有力打击，在多元化监管机制下，促使公民个人信息的安全防护水平逐步提高，通过立法、司法和多元监管方面的协同发力，形成公民个人信息安全防护网。

明确法律责任，完善法律体系。在我国，虽然个人信息权属于公民权利范畴，《民法总则》规定公民的个人信息权受法律保护，《中华人民共和国网络安全法》等其他法律和行政法规对公民个人信息的保护均有少量规定，但这些法律法规并未形成公民个人信息保护的完整法律体系。这导致目前公民个人信息遭受侵害的案件日益增多，公民个人信息的泄露屡屡发生，电信诈骗等刑事案件频发，公民的人身安全和财产安全遭受了严重的威胁。只有健全我国公民个人信息领域法律体系，确立我国公民个人信息领域的基本法，才能奠定保障公民个人信息安全的基础。

严格司法程序，增加侵害公民个人信息违法行为成本。公民个人信息遭受侵害的案件之所以屡有发生，违法犯罪分子愿意铤而走险，其原因是侵害我国公民个人信息案件的违法犯罪行为成本低。因此，确立惩罚性赔偿制度，在公民个人信息被侵犯时执行民事损害赔偿制度，增加侵害公民个人信息的侵权成本，震慑违法犯罪行为。提高侵权人的侵权成本，只执行侵权人的惩罚措施并不够，还应保障被侵权人的救济渠道，在对侵权人执行严厉打击的同时，努力畅通权利人的救济渠道。双管齐下，方能有效维护公民个人信息安全。提高侵害公民个人信息违法行为成本，从民事责任上来说，对侵权人侵权责任的处罚应该高于其因违法行为获得的经济利

---

① Susan L. Cutter. *Living with Risk: the Geography Technological Hazards* [M]. London: Edward · Arnol, 1993: 72.

益。我国刑事领域法律规定了针对公民个人信息的刑事犯罪，对于造成公民个人信息权益严重受损的刑事案件，应严厉打击以形成威慑。

构筑多元化监管机制，完善公民个人信息安全的保障机制是一项综合性系统工程，需要政府监管、行业自律监管、社会监督等多元化监管共同监督。然而，目前我国尚未针对公民个人信息安全设立监督管理机构，司法行政作为监督的主体，对公民个人信息安全的监管乏力，设立专门的公民个人信息监督管理机构，履行公民个人信息安全执法检查工作迫在眉睫。公民个人信息行业自律监管是多元监管的重要补充，成立行业协会，将数据运营单位纳入会员，施行会员制管理，有利于实现公民个人的信息安全。公民是施行监督的主力军，公民个人信息行业协会监管的方式灵活多样，诸如搭建平台开展形式多样的宣讲活动，强调公民个人信息安全对于国家安全以及社会经济秩序稳定的重大意义，增强公民个人信息安全的防护水平。因此，从法律上构筑公民个人信息权利防火墙势必在行。

第二，完善现行法律法规，明确问题责任主体。

明确多元主体的风险所有权，人工智能技术实施过程中的各个主体要认真履行自身的义务和责任，形成权责统一的机制。一是要以"透明性"原则为基础，设定人工智能研发和应用的市场准入要求、人工智能技术研究者的认证审批制度、安全技术信息和数据的披露制度，为明确责任主体提供透明的技术环境；二是要明确人工智能技术相关主体在不同时期和不同行业的风险所有权，技术开发者、生产者、销售者、使用者和监管者都应该规定其承担相应的权利、义务和责任，建立"行为—主体—归责"的风险责任体制；三是确立和完善事后追责制度，用法律条文对人工智能技术的全过程实施动态化监督的责任管理体制。

在法制的中国社会，任何自然人都必须在法律允许范围内行事，犯了错就需要承担相应的民事责任、行政责任甚至是刑事责任，当然有些错误虽然达不到需要承担的以上三种责任；犯错者也会接受到相应的教育帮助其改正错误。机器人也一样，它们犯错也需要承担责任。一个重要的问题是，机器人不是自然人，它还不具备承担法律责任的条件，但这也并不意味着机器人造成的社会危害就可以忽略不计，若是这样，极易导致这样一个后果：不法分子利用机器人犯罪，从而为自己的违法行为辩驳，"这些行为都是机器人所为，与我无关"。因此，在机器人犯错而不能承担责任的情况下，应追究机器人设计商和制造者的法律责任。从法律上说，政府授权了研发者设计智能产品的权利，授权了制造商制造智能产品的权利，那么由设计者和制造者主观研发的机器人，其就有责任对自己的产品负主要责任。当然，法院有权力对造成重大事故的机器人予以销毁。

毫无疑问，人工智能技术的研发者是最了解技术安全风险的人员，这种了解是基于研究员对自身研发技术的熟知以及职业敏感性所决定。因此，必须要增强科技工作者的风险意识和风险责任感，明确科技研发系统内部的责任要求，力求从根源上断绝社会风险发生的机会。针对技术风险责任分配，我国制定了《产品责任法》《消费者权益保护法》及《侵权责任法》，然而这些法律主要规范技术风险当中平等主体间的责任划分，比较少的涉及大范围和大规模的风险责任划分，而且这些立法没有明确提出要赔偿和弥补第三者所遭受的经济损失和生命安全损失，无法保障人民群众的根本利益。因此，必须要以立法的形式来明确风险责任分配，建立和完善风险责任体系，综合运用财政保障、环境责任保险、环境损害赔偿等多种手段，及时弥补和救济人民的生命财产安全，健全国家救济制度，维持社会生态平衡，规避社会风险，以可持续发展的理念推动人工智能技术健康长久的发展和进步。

## 8.2.5 全面开展宣传教育

由于人工智能技术不确定性和复杂性的特征，致使人工智能产品在面世之初往往伴随着惊喜和焦虑两种截然相反的状态。库兹韦尔提出人类对于高科技的认知态度一般经历三个阶段：第一个阶段是惊喜，一项高新技术的诞生改变和方便了人们的社会和经济生活，人们为之赞叹；第二个阶段是忧虑，高新技术在热潮冷却后，往往向世人呈现出各式各样的负面信息，让人们不得不思考和忧虑这项技术是否会给人类社会带来严重的危害；第三个阶段是解决，人类不断的反思终将明白忧虑是不能解决任何问题的，只有联合全世界各国的力量才能找到解决问题的途径，促进高新技术持续地为人类社会谋福祉。

我国人口多、底子薄、国民整体文化素质不高的现实状况，以至于公众对人工智能技术的发展了解较少。而随着与人工智能相关的科幻电影陆续上映，人类开始陷入无限的焦虑了，尤其是在看到如《终结者》《黑客帝国》等人工智能技术主宰人类的影片时，人类不断地构想出人工智能终将颠覆人类的场景。虽然这只是虚幻的影片，但是对于大多数不了解人工智能的群体，不能排除他们对人工智能技术持有悲观的可能性。尤其是当现实中出现了人工智能技术危害人类的场景时，人类更是会无限放大这种焦虑情绪，盲目反对人工智能技术的发展。例如，2008 年，美国派遣 3 台带有武器的遥控机器人到伊拉克作战，然而这批机器人竟然把枪口对准他们的指挥官，面临还未作战就遭遣返回国的结果。① 当这一消息发布，铺天盖地的负面新闻接踵而至，越来越多的公众陷入惶恐不安的状态并且极力反对这项技术，人工智能技术之路充满坎坷。但是社会需要进步必定离不开科学技术的兴起，尤其是以人工智能技术为代表的高新技术，全世界各个国家都不可能因为技术弊端而完全放弃全局的发展。所以，公众若只是一味地忧虑人工智能技术的危害，并不能推动社会的进步，反而导致社会焦虑加剧，公众舆论紧张，阻碍人工智能技术的腾飞。恩格斯曾说："社会上一旦有技术上的需要，则这种会比十所大学更能把科学推向前进。"② 人类对科学技术的认同和支持会推动技术的进步，反过来技术的进步也会推动人类社会的不断前进。

因此，全面开展宣传教育，强化公众对人工智能技术的正确认识，有助于科学处理人工智能安全问题，实现人与技术的双赢局面。比如，借助多媒体进行宣传和教育，开通普及人工智能技术知识的渠道。以政府为主导，科研机构、高等院校甚至是社区单位为辅助，都可以为公众设立普及人工智能技术知识的站点，可以是现场专家宣讲的形式，也可以是网络媒体、电视媒体播报的形式，以此来帮助公众科学认识人工智能技术。宣传过程中，要让公众明白以下几点：第一，人工智能技术是计算机学科的一个分支学科，其本身并无好坏之分，但是有可能存在人为恶意的应用，对此需要加强安全防范措施；第二，若将伦理道德渗入人工智能技术，是可以规避一些社会风险问题，无须恐慌和反对人工智能技术；第三，人工智能技术只是通过机器学习来模拟人的某些功能，并不是让机器完全替代人、控制人，至少在目前甚至很长一段时间内都不会出现人工智能技术主宰人类的电影场景；第四，面对人工智能技术带来的社会安全和伦理问题，公众不要盲目跟风，加剧社会紧张情绪，形成负面的舆论风暴，正确的办法应是要理性思考，用集体智慧解决问题。总之，国家需整合多方力量开展宣传教育，提高公众的文化素养，让公众理性地认识人工智能技术，将是科学处理人工智能技术社会风险问题的关键手段之一。

---

① 北京晚报记者. 终结者出现：美军最先进人形机器人登场. 新华社，2013，07，14.
② 马克思，恩格斯. 马克思恩格斯选集（第四卷）[M]. 北京：人民出版社，1972：505.

## 8.3　本章小结

　　以人工智能为代表的高新技术正在成为社会发展的主要动力，不断将历史的车轮向前推进，重视科学、发展技术，是时代的必然要求。人工智能正在担负着撬动经济发展和产业进步的重要使命，一是助推传统组织重放光彩，二是带动新兴产业蓬勃发展，三是推动新商业模式和新商业领域冉冉升起。然而，伴随而来的人工智能社会风险又使人类社会遭遇到前所未有的挑战。但社会发展历史证明，科技是推动社会向前发展的强大动力，人工智能技术发展是必要的。当然，社会公众也应该要高度重视人工智能社会风险问题，借助"五个全面"发展战略，即全面规范和引导人工智能发展、全面加强技术监管及评估、全面构建伦理道德规范、全面完善相应的法律法规、全面开展宣传教育，减少甚至是规避人工智能社会风险，保障人工智能的有序发展，最终推动人类社会向前发展。

# 结语：智能境域中社会风险的未来安全之路

从社会发展实践来看，"人工智能"已经应用在人类生活的各个领域，人工智能带来的社会变化还将提速。"人工智能+医疗""人工智能+政务服务""人工智能+工业"……未来，"人工智能"可能解决目前的就医问题、政府公共服务效率、生产力、劳动效率……这样的智能时代意味着全社会将会有更聪明的机器、更智慧的网络、更智能的交互模式出现在人类的社会生活中，推动各行业的变革和效率提升，为社会的稳定增长提供有利的基础保证。随着技术的发展，使得人类日益摆脱被自然界奴役的命运，改善了人类生活，促进整个人类社会的发展。然而，过去的机器开发目的是节省人的体力，现代的机器生产逐渐开始代替人的智力，人类通过两性繁殖的进化速度远远无法赶超机器。维纳曾经说过："我们最好能够确定我们给机器确定的目的的确是我们所设定的目的。"人工智能是人类社会最伟大的发明，同时也可能存在潜在的风险。

一方面，目前的人工智能技术还存在一定的缺陷，其使用的知识表示还仍然建立在经典概念的基础之上，经典概念的基本假设是指心、指名与指物，然而，人并不能用经典的概念来做定义，这与人类的日常生活的经验严重不符。霍金表示，人工智能或许不但是人类历史上最大的事件，而且还有可能是最后的事件。另一方面，高技术时代也是一个高风险时代，未来社会的潜在风险随时都会变成一只"黑天鹅"。人工智能技术的出现和发展必然会引发一系列潜在风险，包括伦理道德边界不清、技术内容使用不规范、社会安全威胁等，这些负面效应会给人类带来困扰，使技术创新处于两难境界。

在人工智能时代，技术创新中的风险管理并不仅仅意味着是维持安全的一个过程，也不是一种简单的危机应对，需要将社会目标（比如安全、效率、效益与公平等）、社会成员（比如企业、政府、用户与其他潜在影响者）、技术内容（比如数据、网络、信息等）整合起来 。这些不同的社会元素构成了一个无比复杂的系统，在通往现代安全的路上，政策制定者需要从法律、伦理、社会、监管和技术角度，探讨消解人工智能引发的社会风险的途径。

人工智能的未来在何方还未可知，但人工智能正在被广泛运用到现代生活的方方面面是已经确定的。在运用的过程中，如何规避人工智能产生坏的影响，如何厘清技术风险背景下的公共管理内容，如何将政府、行业、企业和公众协同起来，进一步达成良法善治和多元共治局面？这将成为未来全社会都要思考的重要问题，也是本书未来重点讨论的方向。